本书的出版得到水利部公益性行业科研专项（No.200801048）、国家自然科学基金（No.51179001）、霍英东教育基金（No.122041）和北京市与中央高校共建项目联合资助

Wastewater Multi-Media
Ecological Treatment Technology

污水多介质
生态处理技术原理

籍国东　谢崇宝◎著

科 学 出 版 社

北 京

内 容 简 介

本书以水利部公益性基础科研专项、国家自然科学基金、霍英东教育基金、北京市与中央高校共建项目的科研成果为基本素材，阐述了污水多介质生态处理技术的基本原理，介绍了多介质生物陶粒的制备方法及性能，论述了多介质快速生物滤池、多介质曝气生物滤池、多介质地下渗滤系统、垂直流层叠人工湿地、多介质层叠人工湿地、复合折流生物反应器和多介质折流生物反应器的结构、技术特点、污染物转化效率、限制性水力负荷和微生物多样性，系统分析了多介质生态处理系统中氮转化功能基因的空间演化和优势富集规律，深入阐述了氮转化分子生态过程的耦联机制。

本书可供从事水处理工程、生态水利工程、污染生态工程和给排水工程领域的科技工作者、设计人员、管理人员，以及大中专院校环境工程、水利工程、生态工程、市政工程和农业工程等专业的教师和研究生参考。

图书在版编目（CIP）数据

污水多介质生态处理技术原理／籍国东，谢崇宝著 . —北京：科学出版社，2012

ISBN 978-7-03-034129-7

Ⅰ . 污…　Ⅱ . ①籍…　②谢…　Ⅲ . 污水处理 – 生物处理　Ⅳ . X703.1

中国版本图书馆 CIP 数据核字（2012）第 080735 号

责任编辑：李　敏　刘　超／责任校对：宋玲玲
责任印制：徐晓晨／封面设计：耕者设计

科 学 出 版 社 出版
北京东黄城根北街 16 号
邮政编码：100717
http://www.sciencep.com

北京厚诚则铭印刷科技有限公司 印刷
科学出版社发行　各地新华书店经销

*

2012 年 5 月第　一　版　开本：B5（720×1000）
2017 年 4 月第二次印刷　印张：13 1/2
字数：260 000

定价：128.00元
（如有印装质量问题，我社负责调换）

前　　言

　　污水生态处理技术是环境工程学、生态工程学、水利工程学和环境生物技术等多学科交叉融合的产物，其最大特点是通过促进生态系统内部的物质循环、能量流动和信息传递，减少外部资源和能源的投入，将资源利用和水质净化有机结合，实现污水的低成本处理与再生利用。

　　20世纪80年代以来，污水生态处理技术伴随着人们对可持续发展认识的不断深入而日新月异地快速发展，逐渐形成了以人工湿地、地下渗滤、快速渗滤、多段土壤层和慢速渗滤为主体、特色鲜明的技术体系。传统的污水生态处理技术的共同优点是费用低廉、管理方便，但也存在占地面积大、效率低和易堵塞等瓶颈技术问题，这在一定程度上限制了其进一步推广应用。为了突破传统污水生态处理技术瓶颈的制约，北京大学和中国灌溉排水发展中心的研究人员，以水利部公益性基础科研专项（No. 200801048）、国家自然科学基金（No. 51179001）、霍英东教育基金（No. 122041）和北京市与中央高校共建项目等的科研成果为基本素材，完成了本书的写作。本书阐述了污水多介质生态处理技术的基本原理，介绍了多介质生物陶粒的制备方法及性能，论述了多介质快速生物滤池、多介质曝气生物滤池、多介质地下渗滤系统、垂直流层叠人工湿地、多介质层叠人工湿地、复合折流生物反应器和多介质折流生物反应器的结构、技术特点、污染物转化效率、限制性水力负荷和微生物多样性，系统分析了多介质生态处理系统中氮转化功能基因的空间演化和优势富集规律，深入阐述了氮转化分子生态过程的耦联机制。

　　本书共分9章。第1章系统介绍了多介质生物陶粒的制备方法及性能；第2章系统论述了多介质快速生物滤池的结构、氮转化速率、微生物分布特征、优势基因富集规律及氮转化过程耦联机制；第3章重点论述了多介质曝气生物滤池的结构、限制性水力负荷、容积负荷和微生物分布规律；第4章系统论述了多介质地下渗滤系统设计、氮转化效率、微生物和功能基因空间演化规律，以及氮转化基因功能群组和关键途径；第5章系统阐述了垂直流层叠人工湿地设计、启动、限制水力负荷率和氮磷限制因子；第6章重点论述了多介质层叠人工湿地设计，氮转化速率、微生物空间演化及氮转化过程的耦联机制；第7章着重阐述了复合折流生物反应器的类型及其处理稠油废水的特性；第8章系统论述了多介质复合

i

折流生物反应器设计、污染物降解效率、厌氧污泥特性、好氧填料微观特性和微生物沿程演化规律；第 9 章重点介绍了复合折流反应器组合人工湿地的技术特点、运行特性、植物选配、微生物特性及工程案例。

全书由籍国东和谢崇宝共同撰写，由籍国东审校定稿。此外，项目组成员张国华、童晶晶、周游、谭玉菲和张轩瑞参与了部分实验数据测试，孙铁珩院士对部分章节写作给予了悉心指导，在此向孙铁珩院士和项目组成员表示真诚的感谢！

本书撰写过程中，作者力求做到科学性、前沿性和实用性的有机结合，但由于污水多介质生态处理技术涉及的内容广泛，又与多学科交叉，并且目前国内外尚无这方面的专著，书中内容难免有不足之处，敬请同行专家和广大读者批评指正！

目　　录

第1章 多介质生物陶粒

1.1 概　　述

据统计，我国每年的粉煤灰排放量高达 1.6 亿吨，因为没有很好的高值利用技术，实际利用率仅为 30%~50%，导致多年累计堆存量超过 10 亿 t（Fu et al., 2008）。粉煤灰的堆存，不仅占用大量土地，任意堆放也会产生扬尘，污染空气，通过暴雨径流等排入水系则会造成河流淤塞，粉煤灰中携带的有毒化学物质还会危害人体和动植物健康（Cprek et al., 2007）。当前，粉煤灰的无害化处理和高值利用已成为全球广泛关注的热点问题（Rostami and Brendley, 2003；Golightly et al., 2005）。

生物陶粒是水处理的重要滤料，其制备需要消耗大量页岩等不可再生矿石资源（Hartman et al., 2007；Xu et al., 2008a, 2008b, 2008c）。而采用粉煤灰代替页岩制备生物陶粒，则可以提高生物陶粒的耐久性、抗拉强度和抗酸碱侵蚀能力（Gao et al., 2009），既可以解决粉煤灰的污染问题，又能够节省大量不可再生资源，还可以改善生物陶粒的性能（Bankowski et al., 2004），是一条很有前景的粉煤灰无害化处理和高值利用途径。近年来，为了增强粉煤灰陶粒在生物滤池中的适用性，Fu 等采用有机造孔剂和粉煤灰制备了一种填充密度小和比表面积大的多孔生物陶粒（Fu et al., 2008）；为了增强粉煤灰的吸附能力，Chen 等制备的酸碱和纳米材料改性粉煤灰陶粒，大大提高了粉煤灰陶粒的氨氮吸附容量（Chen and Lin, 2007）；为了增强粉煤灰陶粒化学反应过程，Gao 等将 $FeCl_3$ 等催化剂涂至粉煤灰陶粒表面，显著提高了粉煤灰陶粒表面的生物化学反应速率（Gao et al., 2009）。这些研究都在一定程度上，改善了粉煤灰生物陶粒的性能，促进了粉煤灰陶粒在水处理中的应用。

铁屑和 C 共同浸没在水中时，会发生宏观和微观两种原电池电解反应（Loyo et al., 2008；Liu et al., 2009）。一方面，铁屑中的金属 Fe 和 Fe_3C 存在明显的氧化还原电势差，当 Fe 和 Fe_3C 共同浸没在水中时，会发生原电池电解反应，形成许多细微的原电池，金属 Fe 作为原电池的阳极，Fe_3C 作为阴极。另一方面，Fe 和 C 也存在明显的氧化还原电势差，当 Fe 和 C 共同浸没在水中时，也会发生原电池电解反应，形成 Fe/C 宏观的原电池（Loyo et al.，2008；Liu et al.，2009）。目前，具有双原电池效应的铁屑团球、纳米铁颗粒和海绵铁等，都已被用于处理各种废水（Mcgeough et al.，2007；Ma et al.，2008），但是，截至目前，通过掺杂金属 Fe 制备具有 Fe/C 和 Fe/Fe_3C 双原电池效应的改性粉煤灰生物陶粒，改善粉煤灰生物陶粒的理化性质和氮磷吸附性能还少有报道。

粉煤灰生物陶粒高温烧结制备过程中，为了使其内部形成适量的、大小达到微米或纳米级的微孔，增加其比表面积和污染物吸附容量，往往需要添加大量造孔剂（Ismail，2007）。目前，使用较多的造孔剂是煤粉和合成有机物，它们的最大优点是在 400~800℃就完全燃尽（Hartman et al.，2009）。但是，煤粉属于不可再生资源，合成有机造孔剂也需要消耗大量不可再生资源，因此，寻找替代煤粉和合成有机物造孔剂的廉价的、易得的造孔材料，就显得非常必要。锯末是一种来源相当丰富的工业废弃物，是木材加工的主要剩余物之一，约占原木材加工总量的 8%~12%（Salehi et al.，2009）。目前，一些国家通过将锯末用作燃料、栽培食用菌、家畜饲料敷料、生产炭化制品、土壤改良剂、制版原料及模压成型制品等，实现了锯末的高值利用。可是，由于技术和经济等方面的原因，仍然有大部分锯末有待妥善处理或有效利用（Ma et al.，2009）。锯末的主要成分是木质素和纤维素，其高温烧结后均能转化为碳物质，并留下丰富的孔隙，可用于制备多孔材料（Salehi et al.，2009）。

1.2 多介质生物陶粒制备

1.2.1 生物陶粒原料

1#、2#和3#三种多介质生物陶粒的原料见表 1-1。此外，在上述原料基础上，还分别掺杂相当于上述原料总和20%的 $CaCO_3$。

表 1-1 多介质生物陶粒原料组成 （单位:%）

编号	粉煤灰	锯末屑	黏土	天然斜发沸石	金属 Fe
1	49	25	10	15	1
2	48	25	10	15	2
3	46	25	10	15	4

由表 1-1 可知，多介质生物陶粒的主要原料包括沸石、粉煤灰、黏土、锯木屑和 $CaCO_3$ 等。沸石是一族骨架状结构多孔性含水硅铝酸盐晶体的总称，它具有

独特的吸附性、催化性、离子交换性和选择性、耐酸性、热稳定性、多成分性及很高的生物活性和抗毒性等。天然沸石尤其是斜发沸石被广泛证明有很强的吸附能力，其在自然界中广泛存在，是天然沸石中储量最丰富的一种，在我国有着广泛而丰富的储量，廉价易得。粉煤灰主要含 SiO_2、Al_2O_3 等活性成分，属硅铝酸盐，此外还含少量的 Fe_2O_3、CaO、MgO 和未燃尽碳。粉煤灰呈多孔蜂窝状组织，比表面积较大，具有较强的吸附能力。其处理污水的机理主要有以下几个方面：吸附作用、接触凝聚作用和沉淀作用。在多介质生物陶粒原料中，粉煤灰主要用于污水中 P 的去除，CaO 对 P 具有沉淀作用，Al_2O_3 和 Fe_2O_3 有吸收 P 的能力，Ca-Al-Fe 复合氧化物是重要的 P 吸收成分。黏土起黏结剂的作用，使生物陶粒更易于成型，同时增加陶粒的强度。活性炭除了具有很强的吸附能力以外，还可为硝化反应和反硝化反应提供碳源。而选择锯木屑是因为它们燃烧后均能转化为碳物质，并且在高温烧结后留下丰富的孔隙，是生物陶粒中形成大孔的主要原因。$CaCO_3$ 是造孔剂，在高温下能释放出 CO_2，使生物陶粒具有丰富的孔隙，同时还可与磷酸盐发生吸附沉淀反应。

1.2.2　生物陶粒制备

如图 1-1 所示，按比例将粉煤灰、金属 Fe、废弃锯木屑、$CaCO_3$、天然斜发沸石和黏土充分混合均匀后，经造粒机制成直径为 8mm 的球状颗粒，放置在陶粒烧结窑中，首先升温至 100℃，并保温 60min，继续升温至 900℃，保温 60min，以便使造孔剂充分燃烧或分解，在成型颗粒内部形成微米和纳米孔，最后升温到 1050℃保温 7h，以防止生物陶粒表面釉化，减少内部微孔熔融，然后自然降至室温（12h），经筛选后得到多介质生物陶粒成品（图 1-2）。

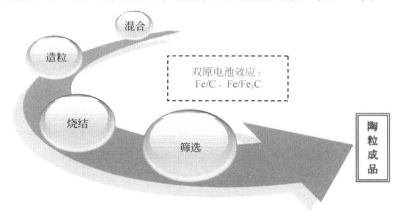

图 1-1　多介质生物陶粒制备流程

图1-2 多介质生物陶粒成品

1.3 多介质生物陶粒表征

1.3.1 元素组成

1. XRF 分析

多介质生物陶粒的元素组成，按其作用可分为2类（表1-2）。

表1-2 多介质生物陶粒的元素组成　　　　　　　　　　（单位：%）

元素组成	1#	2#	3#
SiO_2	39.2	39.6	39.2
Al_2O_3	14.7	14.7	14.6
CaO	12.4	12.2	11.8
MgO	6.6	6.3	6.2
FeO	6.6	6.8	7.0

一是成陶成分，在烧制陶粒时起支撑骨架的作用，多介质生物陶粒中主要是 SiO_2 和 Al_2O_3，其中，SiO_2/Al_2O_3 是表征陶粒吸附活性的主要指标（Xu et al.，2008a，2008b），在3种多介质生物陶粒中，SiO_2/Al_2O_3 相差不大，这与原料中 Si 和 Al 元素的丰度基本相关有关。二是起助熔作用的熔剂氧化物，可调节原料熔点，多介质生物陶粒中主要以 FeO、MgO 和 CaO 形态存在，它们都是反映多介质生物陶粒脱 N 除 P 活性的重要指标（Xu et al.，2008a），在3种多介质生物陶粒中，MgO 和 CaO 随金属 Fe 掺杂量增加而减少，FeO 则随金属 Fe 掺杂量增加而增加，这也与原料中 Mg、Ca 和 Fe 元素的相对丰度趋势一致。

2. XRD 分析

X 射线粉晶衍射分析发现，3种多介质生物陶粒的矿物组成中，均存在大量

Fe_3C 和无定型碳。金属 Fe 添加量越大，粉煤灰陶粒中 Fe_3C 丰度越高（图 1-3）。

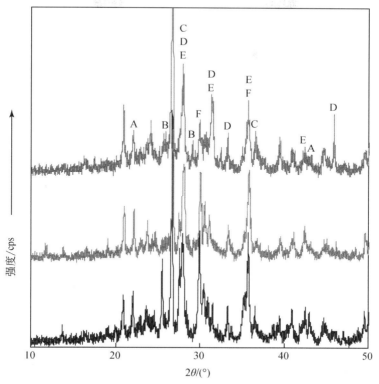

图 1-3 多介质生物陶粒 XRD

A. 无定型碳；B. 石墨；C. Fe；D. Fe_3C；E. FC_8；F. FeO

据此推测，多介质生物陶粒高温烧结制备过程中可能存在以下反应：

（1）锯末产生气体及析碳

$$C（锯末）+ O_2 \longrightarrow CO_2 \uparrow$$

$$C（锯末）+ O_2 \longrightarrow CO \uparrow$$

$$C（锯末）+ CO_2 \longrightarrow CO \uparrow$$

$$CO_2 \longrightarrow C + CO \uparrow（析碳）$$

（2）Fe_2O_3、FeO 和金属 Fe 转化为 Fe_3C

$$Fe_2O_3 + CO \longrightarrow Fe_3C + CO_2 \uparrow$$

$$3FeO + 5CO \longrightarrow Fe_3C + 4CO_2 \uparrow$$

$$3Fe + 2CO \longrightarrow Fe_3C + CO_2 \uparrow$$

此外，在 3 种多介质生物陶粒中都发现了 FeC_8 团簇，而且多介质生物陶粒原料中金属 Fe 掺杂量越多，FeC_8 的丰度越高（图 1-3）。这就是说，多介质生物陶粒在高温烧结制备过程中，存在以下反应：

$$Fe_3C + 23C =\!=\!= 3FeC_8$$

有趣的是，在 2θ 角为 26°附近存在明显的石墨衍射峰（图 1-3）。尽管多数研究表明，无定型碳石墨化的温度一般在 2000℃以上；但是早在 1998 年，Inagaki 等就报道了在 Fe_2O_3 与 PVC 混合烧结过程中，在 1000℃左右出现了无定型碳石墨化，并包裹在金属 Fe 颗粒周围的现象（Inagaki et al.，1998）；而且，FeC_n 团簇通常也以石墨碳包覆金属 Fe（或 Fe_3C）的形式存在（Huo et al.，2005）。据此我们推测，本研究在 1050℃左右出现无定型碳石墨化现象，可能与 FeC_8 团簇的生成有关。

1.3.2 表面特征

1. 堆积密度

以粉煤灰为主要原料制备的 1#、2#和 3#多介质生物陶粒的表观密度分别为 1.54g/cm³、1.53g/cm³ 和 1.51g/cm³，堆积密度分别为 0.68g/cm³、0.68g/cm³ 和 0.66g/cm³（表 1-3）。由此可见，3 种多介质生物陶粒的表观密度和堆积密度差异并不显著。但总的趋势为金属 Fe 掺杂量越多，多介质生物陶粒的表观密度和堆积密度越小，这个结果出乎我们的预料。众所周知，金属 Fe 的密度（7.9g/cm³）比粉煤灰的密度（1.6g/cm³）大得多，这就是说，在经高温烧结前，金属 Fe 杂量越多，造粒体的密度越大。然而，在 3 种多介质生物陶粒原材料中，除了金属 Fe 和粉煤灰外，其他原料的配比和组成完全相同。有研究指出，在800～1050℃高温下，金属 Fe 可与 C 反应转化为 Fe_3C（Gutsev et al.，2004；Loyo et al.，2008），金属 Fe 与 C 反应转化为 Fe_3C 的过程中所产生的 CO_2 的逸出或内部膨胀是导致金属 Fe 掺杂量越多、多介质生物陶粒的表观密度和堆积密度越小的关键因素，其反应方程式为

$$3Fe + 2C + O_2 =\!=\!= Fe_3C + CO_2 \uparrow$$

表 1-3　多介质生物陶粒的性能参数

项目	1#	2#	3#
表观密度/（g/cm³）	1.54	1.53	1.50
堆积密度/（g/cm³）	0.68	0.68	0.66
比表面积 BET/（m²/g）	6.20	6.41	6.56
强度损失率/%	2.86	3.00	3.04

续表

项目	1#	2#	3#
酸蚀率/%	2.45	2.27	2.11
碱蚀率/%	0.81	0.74	0.58

需要指出的是，3种多介质生物陶粒的堆积密度仅相当于轻质粉煤灰陶粒堆积密度（1.3g/cm³）的1/2（Fu et al.，2008；Chen et al.，2007），都具有堆积密度小的特点。多介质生物陶粒较小的堆积密度，可减少其在生物滤池中单位体积的填充量，既可节省成本，又能够增加生物滤池的有效容积，有利于延长使用寿命（Ismail，2007）。

2. 比表面积

多介质生物陶粒的金属Fe掺杂量每增加1倍，比表面积约升高3%（表1-3），这可能是因为多介质生物陶粒原料中的金属Fe掺杂量越多，其高温烧结时金属Fe转化为Fe_3C的过程中释放的CO_2的量越多（Gutsev et al.，2004；Loyo et al.，2008），因此其造孔效应就越显著，多介质生物陶粒比表面积就越大。由表1-3可知，3种多介质生物陶粒的比表面积在$6.2 \sim 6.6m^2/g$，约为普通页岩生物陶粒的（$4.1m^2/g$）的$1.5 \sim 1.6$倍，较大的比表面积有利于提供更多的吸附点位（Hartman et al.，2009）。

3. 显微结构

多介质生物陶粒表面形态和内部孔隙连通性是反映其吸附性能的主要指标（Hartman et al.，2007；Wang et al.，2006）。3种多介质生物陶粒的外表面都很粗糙，断面内孔隙发达，内部孔隙连通性较好，都有利于其吸附污染物 ［图1-4（a），（b），（c），（d），（e），（f）］。

(a) 1#表面　　　　　　　　　　　　(b) 1#内部

(c) 2#表面   (d) 2#内部

(e) 3#表面   (f) 3#内部

图 1-4 多介质生物陶粒 SEM 图

1.3.3 孔径分布

孔径分布特征通常用最可几孔径来描述，即气孔微分体积为最大值时所对应的气孔孔径。由图 1-5 可知，3 种多介质生物陶粒的最可几孔径都分布在 2 ~ 50nm（约95%），而且，金属 Fe 掺杂量越多，位于 2 ~ 50nm 区域的孔容积也越大。研究表明，最可几孔径越大，陶粒位于 2 ~ 50nm 的中孔越多（Fu et al.，2008），对 N、P 的吸附越牢固（Chen et al.，2007）。

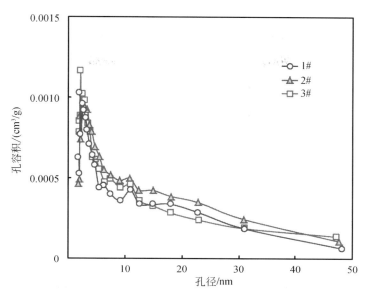

图 1-5　多介质生物陶粒孔径分布

1.4　多介质生物陶粒性能

1.4.1　机械性能

多介质生物陶粒在运输、装入生物滤池、人工湿地、地下渗滤系统以及再生等过程中会受到多种外力作用，如水的剪切力、陶粒自身的重力和陶粒间的摩擦力等，从而引起陶粒表面产生细小颗粒（Hartman et al.，2007；Fu et al.，2008）。一方面，这些细小颗粒，极易结块，从而堵塞多介质生物滤池、人工湿地和地下渗滤等水处理设施；另一方面，附着在陶粒表面的微生物，也会因陶粒机械损失而大量流失。1#、2#和3#多介质生物陶粒的强度损失率分别2.9%、3.0%和3.0%，比轻质粉煤灰陶粒（3.0%~5.0%）优，能够满足生物滤池、人工湿地、地下渗滤系统水力冲刷、曝气、搬运和再生的需要。

1.4.2　耐酸碱性

多介质生物陶粒的酸溶蚀率较高（2.1%~2.5%），碱溶蚀率较低（0.6%~0.8%）（表1-3）。这是因为，作为造孔剂添加的碳酸钙，可与沸石和粉煤灰中的二氧化硅形成硅酸钙，而硅酸钙在酸性溶液中能被溶解滤出（Ma et al.，

2009）；此外，多介质生物陶粒中的金属 Fe 和 Fe_3C 也溶于酸（Gu et al.，2006）。需要指出的是，尽管 3 种多介质生物陶粒的酸溶蚀率较高，但仍比普通页岩陶粒（2.7%）小（Fu et al.，2008），其碱溶蚀率也比轻质多孔粉煤灰陶粒（1.4%）小很多（Wang et al.，2006；Fu et al.，2008）。这就是说，3 种多介质生物陶粒都具有抗酸碱腐蚀性好、惰性强等特点。

1.4.3 氮吸附特性

固体吸附剂对溶液中溶质的吸附动力学过程可用 Mckay 准二级动力学模型进行描述（Ozacar，2003；Kostura et al.，2005），其线性表达式为

$$\frac{t}{Q_t} = \frac{1}{k_1 Q_e^2} + \frac{1}{Q_e} t \tag{1-1}$$

式中，Q_t 为陶粒的吸附量，mg/g；t 为吸附作用时间，min；k_1 为准二级动力学速率常数，g/（mg·min）；Q_e 为陶粒的平衡吸附量，mg/g。

3 种多介质生物陶粒的氨氮吸附过程，都接近 Mckay 的准二级动力学过程，与页岩陶粒相似（Ozacar，2003；Kostura et al.，2005）。比较而言，多介质生物陶粒的金属 Fe 掺杂量越多，相关系数越大，吸附过程越接近准二级动力学过程（图 1-6）。

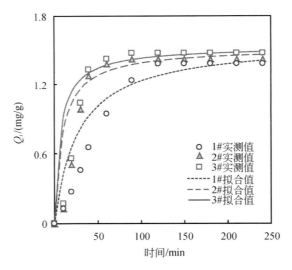

图 1-6　多介质生物陶粒吸附氨氮动力学曲线

金属 Fe 掺杂量由 1% 提高到 2% 对其吸附氨氮平衡时间的影响非常显著（由 90min 减少到 60min），继续提高金属 Fe 掺杂量至 4%，对氨氮吸附平衡时间影响

不再显著，仍保持在 60min 左右（图 1-6）。

固体吸附材料对水中污染物的等温吸附现象，常用 Langmuir 方程来描述（Ozacar，2003；Kostura et al.，2005）：

$$\frac{1}{Q_e} = \frac{1}{bQ_m} \cdot \frac{1}{C_e} + \frac{1}{Q_m} \tag{1-2}$$

式中，Q_e 为平衡吸附量，mg/g；Q_m 为 Langmuir 理论饱和吸附量，mg/g；C_e 为吸附平衡时溶液浓度，mg/L；b 为与固体表面吸附溶质时结合能有关的常数单位；bQ_m 为固液体系吸附溶质时的最大缓冲能力。

吸附初始阶段，随着氨氮平衡浓度的增加，3 种多介质生物陶粒对氨氮的吸附量均显著增大，当平衡浓度分别达到 77mg/L（1#）、68mg/L（2#）和 51mg/L（3#）时，对氨氮的吸附量分别为 8.6mg/g、9.1mg/g 和 10.0mg/g，此后，吸附作用逐渐减弱。进一步增加平衡浓度，氨氮吸附量增长缓慢，吸附作用趋于平衡（图 1-7）。相应的 Langmuir 吸附等温方程及相关参数见表 1-4，从相关系数来看，3 种多介质生物陶粒的吸附等温特征都可用 Langmuir 方程描述（表 1-4）。

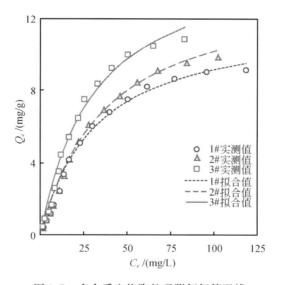

图 1-7　多介质生物陶粒吸附氨氮等温线

根据 Langmuir 方程计算的 3 种多介质生物陶粒的氨氮理论最大吸附容量分别为 12.1mg/g（1#）、14.1mg/g（2#）和 15.9mg/g（3#）（表 1-4），金属 Fe 掺杂量越多，理论吸附容量越大。这是因为，多介质生物陶粒的比表面积越大，吸附点位越多，吸附容量也越大（Yu et al.，2004）。此外，Fe_3C 和金属 Fe 存在明显的氧化还原电势差，当存在大量金属 Fe 和 Fe_3C 的多介质生物陶粒浸入水中时，就构成了成千上万个细小 Fe/Fe$_3$C 微观原电池，Fe 成为阳极，Fe$_3$C 成为阴极（Loyo et al.，2008；Liu et al.，2009）；金属 Fe 还可与其周围的 C 组成更大的 Fe/C 宏观原电池（Mcgeough et al.，2007；Ma et al.，2008）。

表1-4　多介质生物陶粒吸附氨氮和磷的 Mckay 准二级动力学及 Langmuir 等温方程

项目	Mckay	Q_e /(mg/g)	k_1/g /(mg·min)	r^2	Langmuir	Q_m /(mg/g)	b /(L/mg)	r^2
1#吸附氨氮	$\frac{t}{Q_t} = 0.6359t + 17.45$	1.57	0.0232	0.9857	$\frac{1}{Q_e} = 2.6166\frac{1}{C_e} + 0.0830$	12.05	0.0317	0.9969
2#吸附氨氮	$\frac{t}{Q_t} = 0.6744t + 4.892$	1.48	0.0930	0.9980	$\frac{1}{Q_e} = 2.6888\frac{1}{C_e} + 0.0711$	14.06	0.0265	0.9970
3#吸附氨氮	$\frac{t}{Q_t} = 0.6534t + 4.528$	1.53	0.0943	0.9982	$\frac{1}{Q_e} = 1.9780\frac{1}{C_e} + 0.0628$	15.92	0.0318	0.9928
1#吸附磷	$\frac{t}{Q_t} = 2.0474t + 146.4$	0.49	0.0286	0.9915	$\frac{1}{Q_e} = 0.7043\frac{1}{C_e} + 0.0476$	21.01	0.0676	0.9992
2#吸附磷	$\frac{t}{Q_t} = 2.0225t + 132.4$	0.49	0.0309	0.9961	$\frac{1}{Q_e} = 0.6384\frac{1}{C_e} + 0.0436$	22.94	0.0683	0.9972
3#吸附磷	$\frac{t}{Q_t} = 1.9418t + 124.9$	0.51	0.0302	0.9928	$\frac{1}{Q_e} = 0.6347\frac{1}{C_e} + 0.0409$	24.45	0.0644	0.9980

阳极过程：

$$Fe \longrightarrow Fe^{2+} + 2e^- \quad E\ (Fe^{2+}/Fe) = -0.44V$$

阴极过程：

$$2H^+ + 2e^- \longrightarrow 2\ [H] \longrightarrow H_2\uparrow \quad E\ (H^+/H_2) = 0.00V$$

微观和宏观原电池阳极新生态的［Fe^{2+}］具有少量氧化 NH$_3$ 的能力（Wang，2000；Gu et al.，2006）；阴极新生态的［H］具有很强的还原能力，在弱碱性条件下可使 NO$_3^-$ 和 NO$_2^-$ 还原为 N$_2$（Siantar et al.，1996；Gu et al.，2006），可以促进阳极氧化 NH$_3$ 的反应。这可能是多介质生物陶粒具有较高氨氮吸附容量，且金属 Fe 掺杂量越多吸附容量越大的又一原因。

此外，多介质生物陶粒中的零价 Fe 和 Fe$_3$C 在弱酸性条件下也可转化 NO$_3^-$，也能够促进氨氮的硝化反应，提高原电池阳极氧化氨氮的能力。

$$HNO_3 + Fe_3C \longrightarrow CO_2 + Fe\ (NO_3)_3 + NO\uparrow + H_2O$$
$$HNO_3 + Fe \longrightarrow Fe\ (NO_3)_3 + NO\uparrow + H_2O$$

还有，多介质生物陶粒中的 FeC$_8$ 团簇主要以石墨碳包覆 Fe（或 Fe$_3$C）的形式存在，石墨是导电性很好的物质，石墨易与 Fe 形成宏观原电池，促进 NO$_3^-$ 还原和 NH$_3$ 氧化（Inagaki et al.，1998；Mcgeough et al.，2007）。

1.4.4　磷吸附特性

3 种多介质生物陶粒吸附磷的速率差异不显著，吸附平衡时间均约为

210min，说明它们都具有缓慢吸附、缓慢平衡的特点（图1-8）。

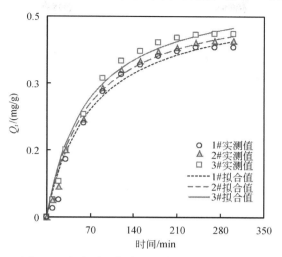

图 1-8　多介质生物陶粒吸附总磷动力学曲线

　　吸附初始阶段，随着磷平衡浓度的增加，3 种多介质生物陶粒对磷的吸附量均显著增大，当其分别达到 75mg/L（1#）、68mg/L（2#）和 56mg/L（3#）时，对磷的吸附量分别为 17.5mg/g、18.8mg/g 和 19.4mg/g，此后，吸附作用逐渐减弱。进一步增加平衡浓度，磷吸附量增长缓慢，吸附作用趋于平衡（图1-9）。相应的 Langmuir 吸附等温方程及相关参数见表 1-4，从相关系数来看，3 种多介质生物陶粒的吸附等温特征都可用 Langmuir 方程描述。

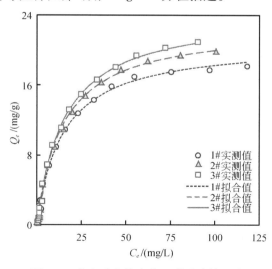

图 1-9　多介质生物陶粒吸附总磷等温线

根据 Langmuir 方程计算的 3 种多介质生物陶粒的磷理论最大吸附容量分别为 21.0mg/g（1#）、22.9mg/g（2#）和 24.5mg/g（3#），金属 Fe 掺杂量越多，多介质生物陶粒理论吸附容量越大（表 1-4）。它们的磷理论最大吸附容量分别是普通粉煤灰陶粒（5.9mg/g）的 3.6～4.2 倍（Zhao et al.，2007），海绵铁的 2.3～2.7 倍（Wang，2000）。一般认为，多介质生物陶粒中的 CaO、MgO 和 FeO 与 PO_4^{3-} 的物理化学作用是陶粒吸附磷的主要机理（Zhu，1997）。然而，3 种多介质生物陶粒的 CaO、MgO 和 FeO 之和相差不到 2%（表 1-4），难以解释 3 种多介质生物陶粒吸附容量之差为什么高达 17%～32%。有研究指出，在有氧情况下，Fe/C 原电池反应还存在如下反应过程：

$$O_2 + 4H + 4e^- \longrightarrow 2H_2O \quad E^0(O_2) = 1.23V$$

$$O_2 + 2H_2O + 4e^- \longrightarrow 4HO^- \quad E^0(O_2/HO^-) = 0.40V$$

于是，原电池反应过程中释放的 Fe^{2+} 和 Fe^{3+}，在碱性条件下可生成 $Fe(OH)_2$ 和 $Fe(OH)_3$，而 $Fe(OH)_2$ 和 $Fe(OH)_3$ 可与 PO_4^{3-} 生成沉淀，这被认为是微碱性条件下多介质生物陶粒除磷的主要机理（Wang，2000）。

由此可见，多介质生物陶粒的金属 Fe 和 Fe_3C 丰度越高，Fe/C 和 Fe/Fe_3C 原电池效应越显著，因此会生成更多的 $Fe(OH)_2$ 和 $Fe(OH)_3$，这也是多介质生物陶粒具有较高磷吸附容量，且金属 Fe 掺杂量越多吸附容量越大的重要原因。

第2章 多介质快速生物滤池

2.1 概 述

快速生物滤池是当代污水生物处理系统中被认识最早的处理工艺，早在1889年美国马萨诸塞州Lawrence试验站就采用以砾石作为填料的快速生物滤池处理污水（Clark，1927）。快速生物滤池作为一种古老而又充满生机的污水处理技术，因具有单位体积生物量高、不产生污泥膨胀、基建投资少、能耗低、运行成本低、维护管理方便和耐冲击负荷强等优点，越来越得到业内人士的认同，并已广泛应用在分散点源污水深度脱氮领域（Chudoba and Pujol，1998；Biesterfeld et al.，2003；Wang et al.，2005；Ji et al.，2011）。

快速生物滤池脱氮包括氨化作用、氧氨氧化、亚硝酸盐氧化、厌氧反硝化、异养硝化、好氧反硝化、厌氧氨氧化、微生物固氮、异化硝酸盐还原和古菌氨氧化等多种生态过程（Biesterfeld et al.，2003；Satoh and Rulin，2004；Capone et al.，2007；Lam et al.，2009）。氨化作用是含氮有机物转化为氨基酸，以内脱氨基的方式产生氨的过程；好氧氨氧化作用是自养菌在有氧条件下，将NH_4^+氧化成NO_2^-的好氧氨氧化过程；亚硝酸盐氧化作用是亚硝酸盐氧化菌在好氧条件下，将NO_2^-进一步氧化成NO_3^-的过程（Francis et al.，2007）。异养硝化是在有氧条件下，异养菌将NH_4^+转化为NO_2^-和NO_3^-的过程（Jetten et al.，2008）。厌氧反硝化是在缺氧条件下，NO_3^-通过NO_2^-还原为N_2的过程（Canfield et al.，2010）。好氧反硝化是在有氧条件下，NO_3^-通过NO_2^-还原为N_2的过程（Galloway et al.，2008）。厌氧氨氧化是以NO_2^-为电子受体，NH_4^+为电子供体，在厌氧条件下将这两种氮素同时转化为N_2的现象（Kuypers et al.，2003）。此外，将NO_3^-通过NO_2^-转化为NH_4^+的异化性硝酸盐还原作用，以及固氮菌固定N_2转化为NH_4^+的作用也已被证实（McDevitt et al.，2000；Duce et al.，2008）。

生物滤池脱氮过程涉及多种功能基因，如氨单加氧酶基因（amoA）、亚硝酸盐还原酶基因（nxrA）、细胞周质空间和细胞膜结合的硝酸盐还原酶基因（napA和narG）、含有细胞色素cdl和Cu的亚硝酸盐还原酶基因（nirS和nirK），NO还原酶基因（qnorB）以及N_2O还原酶基因（nosZ）等（Canfield et al.，2010）。

Gomez-Villalba 等（2006）利用温度梯度（TGGE 技术）分析了中试规模的生物滤池生物膜的 *amoA* 和 *nosZ* 的时间和空间分布特征，发现了 *amoA* 和 *nosZ* 在缺氧和曝气系统中的共存现象。Gilbert 等（2008）利用 real-time PCR 以 *nirS* 作为反硝化作用的 Marker，检测了生物滤池不同高度 *nirS* 分布，发现 *nirS* 基因主要聚集在滤池表层，且从生物滤池顶部到底部呈明显梯度递减趋势。Juhler 等（2009）利用原位杂交和 real-time PCR 分析了生物滤池中 *amoA* 基因丰度的分布规律，发现生物滤池出口氨氧化基因 *amoA* 的绝对数量较低，并认为异养菌对氧气的竞争和氨单加氧酶催化产生的 NO_2^- 的抑制是主要原因。

2.2　多介质快速生物滤池设计

2.2.1　滤池设计

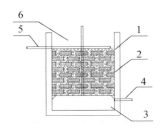

图 2-1　多介质快速生物滤池
1. 散水层；2. 多介质模块层；3. 集水室；
4. 出水口；5. 进水管；6. 复氧槽

多介质快速生物滤池的有效长×宽×高为 2.0m×1.6m×1.2m，最上部为散水层（填充大孔网状材料），高为 0.08m；散水层下部为多介质填料层，总高为 1.2m，共由 8 层多介质模块层和 8 层透水滤料层以砖墙式嵌套填充组成。每个多介质模块高 0.1m，宽 0.3m，2 个多介质模块横向间距 0.1m，纵向间距 0.05m。多介质模块填充滤料为以体积比为 1∶1 混合的 3#多介质生物陶粒（见第 1 章）和粒径大于 2mm 的天然斜发沸石，透水滤料层填充的滤料为以体积比 4∶1 混合的粒径 10mm 砾石和粒径大于 2mm 的改性沸石（图 2-1）。

2.2.2　运行控制

多介质快速生物滤池接在多介质折流式生物反应器之后，作为深度处理单元，处理办公楼和日常生活污水。多介质快速生物滤池于 2009 年 5 月 11 日开始调试运行，分析了 5 月 25 日至 9 月 28 日共 16 周多介质快速生物滤池对 NH_4^+、NO_3^-、NO_2^-、TN、TP 和 COD 的转化效率。多介质快速生物滤池启动运行共经历 4 个不同阶段，5 月 11 日至 5 月 31 日为启动运行阶段，水力负荷为 31.25cm/d；6 月 1 日至 7 月 18 日为调试运行阶段，水力负荷为 62.5cm/d；7 月 19 日至 8 月 31 日为水力负荷冲击试验阶段，水力负荷为 125.0cm/d；9 月 1 日至 9 月 28 日为

TN 负荷冲击试验阶段，在水力负荷不变的情况下，TN 负荷由 52g/（m·d）调整至 126g/（m·d）。

多介质快速生物滤池启动运行期间，水样每周采集一次，现场测定 NH_4^+、NO_2^-、NO_3^-、TN、TP、COD、pH、DO 和氧化还原电位。多介质快速生物滤池中微生物样品采集时间为 9 月 28 日，每组多介质快速生物滤池采集 4 组样品，即在多介质快速生物滤池 8 个多介质模块层中的 1、3、5、7 层（0~10cm 层、30~40cm 层、60~70cm 层和 90~100cm 层）各采 1 组样品。

2.3 氮转化速率

2.3.1 NH_4^+ 和 TN 转化速率

在水力负荷为 31.25cm/d 的启动运行阶段（2009 年 5 月 11 日至 5 月 31 日），NH_4^+ 和 TN 的平均去除率分别为 79% 和 32%；在水力负荷为 62.5cm/d 的调试运行阶段（6 月 1 日至 7 月 18 日），NH_4^+ 和 TN 的平均去除率分别为 95% 和 77%；在水力负荷为 125.0cm/d 的水力负荷冲击试验阶段（7 月 19 日至 8 月 31 日），NH_4^+ 和 TN 的平均去除率分别为 97% 和 86%，TN 负荷由 52g/（m·d）增至 126g/（m·d）。在 TN 负荷冲击试验阶段（9 月 1 日至 9 月 28 日），NH_4^+ 和 TN 去除均为 88%［图 2-2（a），（b）］。总的趋势是，NH_4^+ 和 TN 的去除率均随着水力负荷的增加而增加，水力负荷越高，越有利于脱氮；NH_4^+ 去除率随着容积负荷增加而下降，而 TN 去除率则随容积负荷增加而增加。

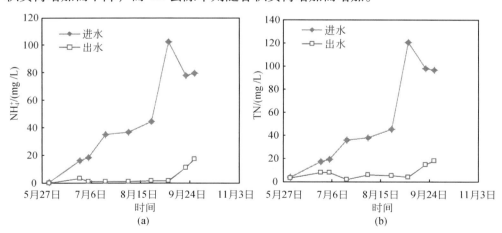

图 2-2 多介质快速生物滤池转化 NH_4^+ 和 TN 速率

9 月 7 日、21 日和 28 日三次平均值，进水 NH_4^+ 浓度为 86.8mg/L，出水 NH_4^+ 浓度为 10.0mg/L；进水 TN 浓度为 105.0mg/L，出水 TN 浓度为 12.0mg/L。NH_4^+ 净转化速率 6667mg/（$m^3 \cdot h$），TN 净转化速率为 8073mg/（$m^3 \cdot h$）。

2.3.2 NO_3^- 和 NO_2^- 转化速率

9 月 7 日、21 日和 28 日三次测量平均值，进水 NO_3^- 浓度为 18.0mg/L，出水 NO_2^- 浓度为 1.7mg/L；进水 NO_2^- 浓度为 0.1mg/L，出水 NO_2^- 浓度为 0.3mg/L；C/N 进水为 3.2，出水为 7.3；DO 进水浓度 1.3mg/L，出水浓度为 2.0mg/L；pH 进水均值为 7.49，出水为 7.46。NO_3^- 净转化速率为 1415mg/（$m^3 \cdot h$），NO_2^- 净转化速率为 −17mg/（$m^3 \cdot h$）〔图 2-3（a）、（b）〕。

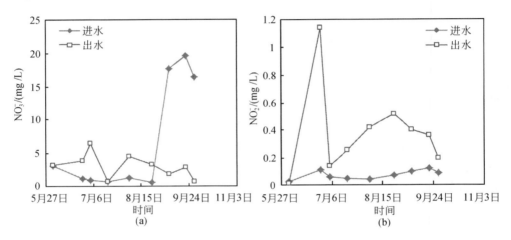

图 2-3　多介质快速生物滤池转化 NO_3^- 和 NO_2^- 速率

2.4　微生物空间分布特征

2.4.1　微生物多样性

变性凝胶电泳中每个独立分离的 DNA 片段，原理上代表一个微生物种属。电泳条带越多，生物多样性越丰富，条带信号越强，种属的数量越多。由此可确定不同条带中微生物的种类和数量关系，得出微生物多样性的信息。由图 2-4 可知，DGGE 图中共有 53 个明显条带，每个样品的条带数在 25～34。根据 16S rD-NA 测序结果，采用 Bio-Rad Quantity One 4.6.2 软件进行相似性矩阵分析和同源性分析，得到密度分布图（图 2-5）和相似性系数（表 2-1）。图 2-5 反映了各泳道中特定条带的优势度。

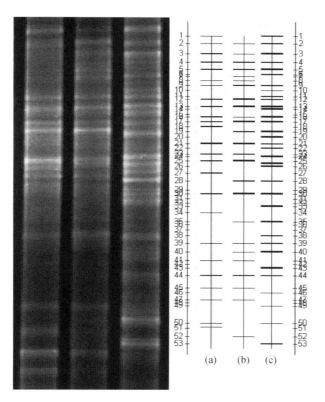

图 2-4　微生物沿层演化 DGGE 图

（a）7 层；（b）3 层；（c）1 层

表 2-1　DGGE 图谱相似性矩阵　　　　　　　　　　（单位：%）

样品	1 层	3 层	7 层
1 层	100.0	74.5	39.7
2 层	74.5	100.0	36.0
3 层	39.7	36.0	100.0

2.4.2　微生物系统发育

对于 DGGE 图谱中区分明显、清晰的条带进行切割，本研究切取 5 条相对较亮的条带进行分析，按照从上到下的顺序，给切胶的条带编号为 Band A ~ E。切

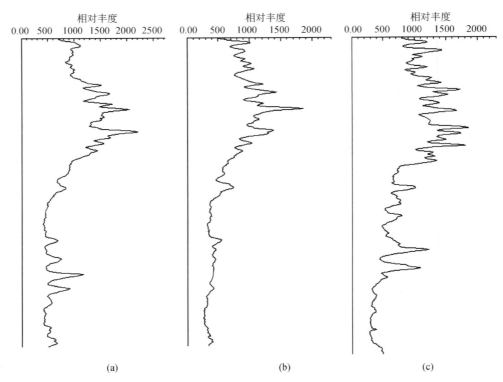

图 2-5　16S rDNA DGGE 条带密度曲线

（a）7 层；（b）3 层；（c）1 层

下来的条带经过处理获取其中的 DNA 片段并进行扩增，成为小于 200bp 的片段，送测序公司测序，测序结果见表 2-2。根据美国生物工程中心（National Center for Biotechnology Information，NCBI）的 BLASTn 程序进一步比对，结果见表 2-3。

表 2-2　16S rDNA 的 DGGE 的测序

条带	测序结果
A	AGTACGTCAGGTGCGCCGTTAAACGCTACTTGTTCTTCCCTTGCAACAGAGGTTTACGAACCGA AAGCCTTCTTCACTCACGCGGCGGTGCTGGATCAGGCTTTCGTCCATTGGGGAAGATTCCCCAC TGCTGCCACCCGTAGG
B	GGGTACGTCACTATCCAAGGGAATTACTCACAGTACTTTCTTCCTCGCTTAAAGGGTTTACCAA CCAAAAGGCCTTTTTCACACACCCGGATTGGTGGGTTCAGGTTTCCCCCCTTGGCCAAAATTCC CCAATGGTGGCCCCCGTAAGAA
C	TGGTACGTCACTATCCAGAGAATTAGTCACAGTACTTTCCTCCTCGCTTAAAGGGTTTTACAAC CAAAAAGCCTTTTTCACACACCCGGATGGGTGGATTCAGGTTTCCCCCCTTGGCCAAAAATCC CCAATGGCGGCCCCCGTAAGAA

条带	测序结果
D	GGGTACGTCATTTGTTTGACTATAAGAAGATTTTTACGACCCAAACGTCTTCATCTTTCACGCG GAGTTGCTGCATAAGGCTTTCGCCCGGTGTACAATATGCCCCACTGCCATGTCCCAAATTCCC CAACGGCGGCCCCCGTAAGA
E	CTGTCGTCATTACGCTTCGTTTAACTGAAAGAGGTTCCTACCCGAATGACGGTTCCCCCACGCG GCGTCGCTGCATCACGCTTGCCTCGGTTGGGTTATATTTTCCACCATTGCCCAAAAATCCCCAA TGGCGGCACCCGTAAGAA

表 2-3 16S rDNA 的 DGGE 同源性

条带	同源性最近序列	长度/bp	相似性/%	登录号
A	*Bacillus* sp. DU138 (2010) 16S small subunit ribosomal DNA gene, partial sequence	144	90	HM567019.1
B	*Acinetobacter baumannii* clone SW034 16S ribosomal DNA gene, partial sequence	150	80	GU415597.1
C	*Acinetobacter baumannii* clone SI019 16S ribosomal DNA gene, partial sequence	149	82	GU415585.1
D	*Anaerovorax odorimutans* strain NorPut 16S ribosomal DNA, partial Sequence	147	82	NR_028911.1
E	Uncultured actinobacterium clone SD67 16S ribosomal DNA gene, partial sequence	151	81	EU140935.1

　　经过与数据库比对，发现 Band A 与 *Bacillus* sp. 有 90% 的相似性。*Bacillus* sp. 可以在高浓度的石碳酸土壤中生存。Band B 和 Band C 与 *Acinetobacter* sp. 分别有 80% 和 82% 的相似性。*Acinetobacter* sp. 主要在石油污染的土壤中被发现，这种微生物是天然的有机物降解者。Band D 与 *Anaerovorax odorimutans* 有 82% 的相似性，这种微生物经常在污泥发酵场所被发现，对于有机物的去除具有很好的效果。Band E 与 actinobacterium 有 81% 的相似性，这种微生物在中国的非盐性森林土壤中被发现，对氮和磷有很好的去除效果。

　　采用 Sequencher 5.0 软件（Gene Codes，Ann Arbor，MI）拼接测序结果，并去掉载体序列。应用 Clustal X 软件将各文库序列与细菌界框架序列对齐后，以 Mega 4 软件包中 NJ 法绘制进化树，绘制的系统发育树见图 2-6。由图 2-6 可知，有些条带相似性很近，但进化关系却较远；反之，有些条带相似性差异很大，但进化关系却较近。所以我们发现，用微生物的 16S rDNA 作为其靶序列存在着许多的不确定性，有时候并不能代表共同含有某段关键基因或者拥有某种特定功能的微生物种类。

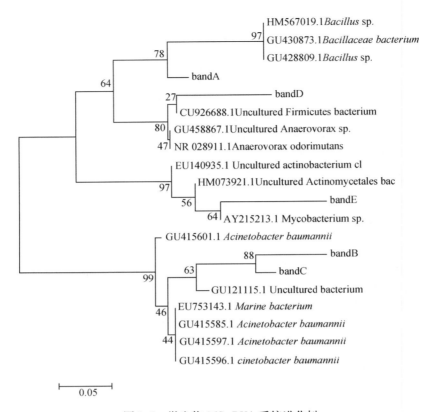

图 2-6　微生物 16S rDNA 系统进化树

2.5　氮转化基因空间演化

2.5.1　基因定量溶解曲线

针对厌氧氨氧化菌（ANO）的 16S rRNA、*amoA*、*nxrA*、*narG*、*napA*、*nirK*、*qnorB*、*nosZ*、*nas*、*nifH* 功能基因的 10 个目标片段进行定量分析，分别为厌氧氨氧化菌 16S rRNA 片段以及氨单加氧酶基因 *amoA* 基因片段、亚硝酸盐氧还酶基因 *nxrA* 片段、膜结合硝酸盐还原酶基因 *narG* 片段、周质硝酸盐还原酶基因 *napA* 片段、Cu 型亚硝酸盐还原酶基因 *nirK* 片段、NO 还原酶基因 *qnorB* 片段、N_2O 还原酶基因 *nosZ* 片段、微生物固氮酶基因 *nifH* 片段以及硝酸盐异养还原酶基因 *nas* 片段（表 2-4）。

表 2-4　氮转化功能基因 real-time PCR 引物

功能基因	引物名称	引物序列（5′-3′）	扩增长度/bp	参考文献
ANO 16S rRNA	AMX809F	GCCGTAAACGATGGGCACT	257	Tsushima et al.，2007
	AMX1066R	AACGTCTCACGACACGAGCTG		
amoA	amo598f	GAATATGTTCGCCTGATTG	120	Dionisi et al.，2002
	amo718r	CAAAGTACCACCATACGCAG		
nxrA	F1nxrA	CAGACCGACGTGTGCGAAAG	322	Poly et al.，2008
	R1nxrA	TCYACAAGGAACGGAAGGTC		
narG	1960m2f	TA(CT)GT(GC)GGGCAGGA(AG)AAACTG	100	Lopez-Gutierrez et al.，2004
	2050m2r	CGTAGAAGAAGCTGGTGCTGTT		
napA	napA V17F	TGGACVATGGGYTTYAAYC	152	Bru et al.，2007
	napA 4R	ACYTCRCGHGCVGTRCCRCA		
nirK	nirK583 F	TCATGGTGCTGCCGCGKGACGG	326	Yan et al.，2005
	nirK909R	GAACTTGCCGGTKGCCCAGAC		
qnorB	qnorB2F	GGNCAYCARGGNTAYGA	262	Braker et al.，2003
	qnorB5R	ACCCANAGRTGNACNACCCACCA		
nosZ	NosZ 1527F	CGCTGTTCHTCGACAGYCA	250	Scala et al.，1998
	NosZ 1773R	ATRTCGATCARCTGBTCGTT		
nas	nas F	CARCCNAAYGCNATGGG	769	Allen et al.，2001
	nas R	ATNGTRTGCCAYTGRTC		
nifH	nifH F	TGXGAXCCYAAZGCYGA	359	Julie et al.，1991
	nifH R	AWYGCCATCATXTCYCC		

　　用 ANO 的 16S rRNA 特异性基因以及 *amoA*、*nxrA*、*narG*、*napA*、*nirK*、*qnorB*、*nosZ*、*nifH*、*nas* 功能基因的质粒作为定量标准品。将从环境样品中扩增得到的特异基因片段分别连接 pEASY-T3（北京全式金生物技术有限公司），克隆到 Trans1-T1 感受态细胞（北京全式金生物技术有限公司）中。在氨苄青霉素平板上（37℃，过夜）运用蓝白斑筛选、质粒 PCR 鉴定及酶切鉴定筛选阳性可疑菌株，并将筛选的阳性菌株送往上海生物工程有限公司进行测序，测序结果在 GenBank 经 BLAST 软件进行同源性比对分析。重组质粒用 TIAN pure Mini plasmid kits（天根生物技术有限公司）提取与纯化并用核算蛋白定量系统（Bio-Rad）测定纯化重组质粒的质量浓度。ANO 的 16S rRNA，以及 *amoA*、*nxrA*、*narG*、*napA*、*nirK*、*qnorB*、*nosZ*、*nifH*、*nas* 基因标准品梯度分别如表 2-4 所示。扩增产物在 -20℃ 保存。用无菌水作阴性对照 ANO 的特异性基因以及 *amoA*、*nxrA*、*narG*、 *napA*、*nirK*、*qnorB*、*nosZ*、*nifH*、*nas* 功能基因 real-time PCR 标准曲线均重复了 3 次，各标准曲线每次的 r^2 均大于 0.99，变异系数也比较小。根据重组质粒所制定的标准曲线的溶解曲线如图 2-7 所示。

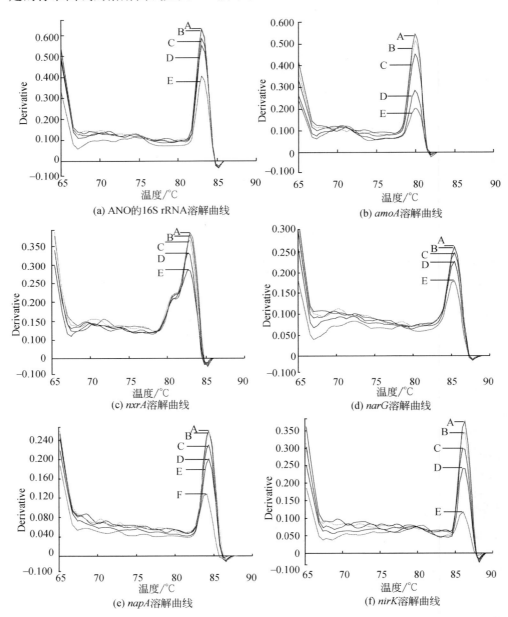

(a) ANO的16S rRNA溶解曲线

(b) *amoA*溶解曲线

(c) *nxrA*溶解曲线

(d) *narG*溶解曲线

(e) *napA*溶解曲线

(f) *nirK*溶解曲线

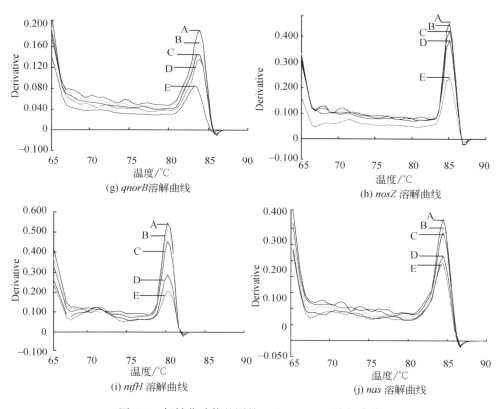

图 2-7　氮转化功能基因的 real-time PCR 溶解曲线

A ~ F 分别为 10^7 copies/μL；10^6 copies/μL；10^5 copies/μL；10^4 copies/μL；10^3 copies/μL；10^2 copies/μL

2.5.2　氮转化基因丰度

ANO、*napA*、*qnorB* 和 *nosZ* 丰度的平均值都在 10^7 数量级，分别为 2.47×10^7 copies/g、1.68×10^7 copies/g、2.78×10^7 copies/g 和 9.38×10^7 copies/g，它们沿水流方向有相似的分布特征，其多度均沿水流方向递增，并在 90 ~ 100cm 层出现峰值，该层的多度分别为 47.5%、51.8%、67.9% 和 62.1%，分别是 0 ~ 10cm 层的 5.6 倍、6.4 倍、12.2 倍和 25.3 倍。*nxrA* 和 *nirK* 绝对丰度的平均值都在 10^6 数量级，分别为 7.51×10^6 copies/g 和 5.98×10^6 copies/g，它们沿水流方向的分布特征相似，其多度均沿水流方向递减，在 0 ~ 10cm 层出现峰值，该层的多度分别为 72.6% 和 33.0%，分别是 90 ~ 100cm 层的 330.1 和 1.8 倍［图 2-8（a），（b），（c）］。

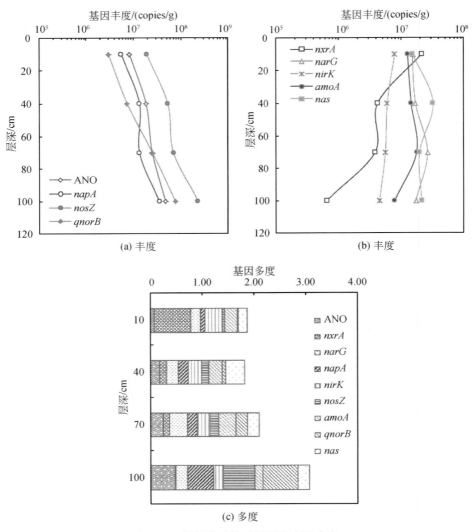

图 2-8 氮转化功能基因的丰度和多度

$amoA$ 和 $narG$ 绝对丰度的平均值都在 10^7 数量级，分别为 $1.88 \times 10^7 copies/g$ 和 $1.31 \times 10^7 copies/g$，它们也有沿水流方向相似的分布特征，其多度均沿水流方向先增后减，在 $60 \sim 70cm$ 层出现峰值，该层的多度分别为 34.8% 和 33.5%，分别是 $0 \sim 10cm$ 层的 1.4 倍和 1.7 倍。nas 绝对丰度的平均值为 $2.20 \times 10^7 copies/g$，其多度也沿水流方向先增后减，峰值出现在 $30 \sim 40cm$ 处，该处多度为 36.7%，是 $0 \sim 10cm$ 的 2.1 倍 [图 2-8（a），（b），（c）]。而固氮菌的固氮基因 $nifH$ 在快速生物滤池的 $0 \sim 100cm$ 层均未检出。

2.5.3　氮转化基因相对多度

多介质快速生物滤池中 ANO 和氮转化功能基因平均值的相对多度（即相同区域内每种氮转化功能基因占所有氮转化功能基因总和的百分比）$A \geqslant 10\%$ 的有 *nosZ*、*qnorB* 和 ANO，$10\% > A \geqslant 5$ 的有 *nas*、*narG*、*napA* 和 *amoA*，$A < 5\%$ 的有 *nxrA*、*nirK* 和 *nifH*。其中，$0 \sim 10\text{cm}$ 层，$A \geqslant 10\%$ 的有 *nxrA*、*nosZ*、*nas*、*narG* 和 *amoA*，$10\% > A \geqslant 5$ 的有 ANO、*nirK* 和 *napA*，$A < 5\%$ 的有 *qnorB* 和 *nifH*；$30 \sim 40\text{cm}$ 层，$A \geqslant 10\%$ 的有 *nosZ*、*nas*、ANO 和 *narG*，$10\% > A \geqslant 5$ 的有 *amoA* 和 *napA*，$A < 5\%$ 的有 *qnorB*、*nirK*、*nxrA* 和 *nifH*；$60 \sim 70\text{cm}$ 层，$A \geqslant 10\%$ 的有 *nosZ*、*narG*、*qnorB* 和 ANO，$10\% > A \geqslant 5$ 的有 *nas*、*amoA* 和 *napA*，$A < 5\%$ 的有 *nirK*、*nxrA* 和 *nifH*；$90 \sim 100\text{cm}$ 层，$A \geqslant 10\%$ 的有 *nosZ*、*qnorB* 和 ANO，$10\% > A \geqslant 5$ 的是 *napA*，$A < 5\%$ 的有 *nas*、*narG*、*amoA*、*nirK*、*nxrA* 和 *nifH*（图 2-9）。

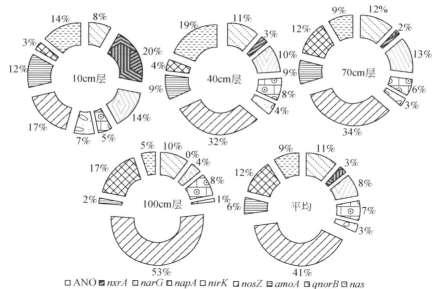

图 2-9　氮转化功能基因的相对多度

2.5.4　功能基因多样性指数

ANO 和氮转化功能基因的 Margalef 丰富度指数（Ma）在 $0.404 \sim 0.432$，沿水流方向变化不大；Simpson 指数（C）在 $0.155 \sim 0.400$，沿水流方向递增，接近出水口的 $90 \sim 100\text{cm}$ 层是紧接入水口的 $0 \sim 10\text{cm}$ 层的 2.6 倍；Shannon-Wiener 多样性指数（H'）在 $1.265 \sim 1.946$，沿水流方向递减；Pielou 均匀度指数（J_{gi}）

在0.675~0.951，也沿水流方向递减，90~100cm层仅为0~10cm层的35%（图2-10）。

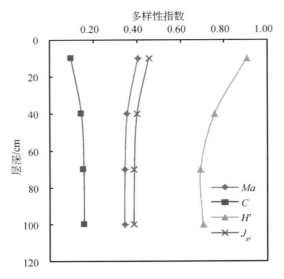

图 2-10　氮转化功能基因多样性指数沿层演化

2.5.5　Pearson 秩相关系数

多介质快速生物滤池中氮转化功能基因呈显著正相关的基因对有 ANO-*napA*、ANO-*qnorB*、ANO-*nosZ*、*napA-nosZ*、*napA-qnorB*、*qnorB-nosZ* 和 *nirK-nxrA*（表2-5），它们的 Pearson 秩相关系数 $r > 0.900$。ANO 和氮转化功能基因呈显著负相关的基因对有 ANO-*nxrA*、ANO-*nirK*、*nirK-napA*、*nirK-nosZ*、和 *qnorB-nirK*（表2-5），它们的 Pearson 秩相关系数 r 的绝对值 $|r| > 0.800$。

表 2-5　Pearson 秩相关系数（$P < 0.05$）

功能基因	ANO	*nxrA*	*narG*	*napA*	*nirK*	*nosZ*	*amoA*	*qnorB*	*nas*
ANO	1.000								
nxrA	−0.929	1.000							
narG	0.153	−0.428	1.000						
napA	0.981	−0.725	−0.040	1.000					
nirK	−0.931	0.956	−0.350	−0.882	1.000				
nosZ	0.978	−0.660	−0.040	0.993	−0.844	1.000			
amoA	−0.587	0.085	0.671	−0.716	0.310	−0.743	1.000		
qnorB	0.977	−0.635	0.066	0.969	−0.844	0.989	−0.687	1.000	
nas	0.075	−0.551	−0.113	0.127	−0.339	0.012	0.108	−0.108	1.000

2.6　氮转化基因富集

2.6.1　优势基因富集

多介质快速生物滤池 Simpson 优势度指数沿水流方向升高 2.6 倍，Pielou 均匀度指数 J_{gi} 沿水流方向下降 35%。这符合一般生态学原理，即优势度与均匀度呈负相关（Gamito，2010）。Simpson 优势度指数反映优势基因和菌群的状况，它是表示优势度集中在少数基因和菌群上的程度指标（Keylock，2005）。Simpson 优势度指数 C 值越大，基因和菌群分布越集中。从 C 值、绝对丰度和相对多度来看，多介质快速生物滤池中的优势基因和菌群的富集区在 $60 \sim 100 cm$ 层，但是它们的相对富集区较为分散，这些优势基因和菌群主要是 nosZ、qnorB、ANO、napA、amoA 和 narG。其中，amoA 和 narG 的富集区位于 $60 \sim 70 cm$ 层，相对富集区在 $0 \sim 10 cm$ 层；qnorB 和 nosZ 的富集区和相对富集区都在 $90 \sim 100 cm$ 层；ANO 的富集也在 $90 \sim 100 cm$ 层，且越接近进出水口越不利于 ANO 的相对富集；napA 的富集也在 $90 \sim 100 cm$ 层，但是各层间的相对多度差异不大。

amoA 基因编码的氨单加氧酶催化 NH_4^+ 氧化为 NO_2^- 的反应，被认为是好氧氨氧化作用的限速步骤，也是氮循环的中心环节（Dionisi et al.，2002；Deutsch et al.，2007），现已被广泛用于氨氧化细菌（ammonia-oxidizing bacteria，AOB）多样性和丰度研究的 Marker（Gomez-Villalba et al.，2006；Canfield et al.，2010）。Juhler 等（2009）的研究发现，生物滤池出口处氨氧化基因 amoA 的绝对数量较低，并认为主要是异养菌对氧气的竞争的抑制作用所致。本研究也发现，快速生物滤池接近出水处（$90 \sim 100 cm$ 层）的绝对丰度、多度和相对多度均低于其他层。然而，快速生物滤池的进出水 pH（$7.46 \sim 7.49$）和 DO（$1.3 \sim 2.0 mg/L$）都在适宜氨氧化菌生长的范围内，这就是说 pH 和 DO 都不是导致 $90 \sim 100 cm$ 层 amoA 低于其他层的主要原因。Ji 等（2011）的研究发现，在 pH、DO 和 NH_4^+ 适宜的情况下，NH_4^+ 浓度越高越有利于好氧氨氧化菌的生长。多介质快速生物滤池中，NH_4^+ 浓度沿水流方向递减（由 $86.8 mg/L$ 降至 $10 mg/L$），这可能是接近出水口的 $90 \sim 100 cm$ 层 amoA 的绝对丰度和相对多度低于其他层的主要原因。

ANO 是能在缺氧条件下将 NH_4^+ 和 NO_2^- 转化为 N_2 的一类菌（Kartal et al.，2007；Stramma et al.，2008），ANO 的 16S rRNA 可作为厌氧氨氧化过程（anammox processes）的 Marker（Bae et al.，2010；Walker et al.，2010）。ANO 的最佳生长 pH 为 $6.7 \sim 8.3$，最佳生长温度范围为 $20 \sim 43 ℃$（Strous et al.，1999），多介质快速生物滤池进出水 pH（$7.46 \sim 7.49$）和水温（$18 \sim 25 ℃$）都有利于 ANO

的生长富集。然而，从相对多度来看，越接近多介质快速生物滤池进水口和出水口，ANO 的相对多度越低。接近进水口（0~10cm 层）ANO 的相对丰度较低，可能与进水 NH_4^+ 浓度（86.8 mg/L）超过 ANO 生长和活性抑制浓度（70mg/L）有关（Dapena-Mora et al.，2007）；而临近出水口（90~100cm 层）ANO 相对多度减小，可能与出水 DO 2.0mg/L、超过抑制 ANO 活性的氧分压（18%，1.8mg/L 左右）有关（Strous et al.，1999）。

好氧反硝化菌是在有氧条件下，利用好氧反硝化酶进行反硝化作用的一类菌（Jiang et al.，2009）。一些好氧反硝化菌能够表达两种异化性硝酸盐还原酶，即膜质硝酸盐还原酶（membrane-bound nitrate reductase，NAR）和周质硝酸盐还原酶（periplasmic nitrate reductase，NAP），菌体的好氧生长和厌氧生长直接影响这两种酶的活性（Bell et al.，1991）。在缺氧条件下，NAR 表达占主导地位，而且仅仅在厌氧条件下才发挥作用，因此编码 NAR 酶的关键基因 narG 常被作为 NO_3^- 厌氧转化为 NO_2^- 的 Marker（Lopez-Gutierrez et al.，2004）；在好氧条件下，NAP 的表达占主导地位（Galloway et al.，2008），因此编码 NAP 酶的关键基因 napA 常被作为 NO_3^- 好氧转化为 NO_2^- 的 Marker（Bru et al.，2007）。环境样品中 napA 和 narG 的表达往往呈现相互抑制（Bell et al.，1990），在多介质快速生物滤池中 napA 和 narG 在不同区域也呈现明显的此消彼长的相互抑制。Patureau 等（2000）发现，DO 小于 4.5mg/L 时，好氧反硝化速率随着 DO 增加而升高；Kim 等（2008）还发现，C/N 比小于 8 时，C/N 比越高越有利于好氧反硝化菌生长；快速生物滤池进出水 DO（由 1.3mg/L 增至 2.0mg/L）和 C/N 比（由 3.2 增至7.2）都比进水更有利于好氧反硝化菌的生长，即 DO 和 C/N 的是 napA 在 90~100cm 层优势富集的关键因子。

好氧反硝化菌大多表现出异养硝化能力，异养硝化菌的硝化过程是一个耗能反应，硝化活性在 DO 浓度达到空气饱和溶解氧浓度 25%（2.0~2.5mg/L）时最大（Robertson et al.，1988）。Takaya 等（2003）发现，能同时进行硝化作用和反硝化作用的细菌，在微好氧条件下主要转化为 N_2O、N_2 和 NO，硝化和反硝化活性越高，N_2O 和 NO 累计和释放量越大（Wang et al.，2007）。整个多介质快速生物滤池都处于微好氧（DO 1.3~2.0mg/L）条件下，越接近出水口越有利于 N_2O 和 NO 的产生和释放。有研究表明，qnorB 基因编码的 NO 还原酶对 NO 具有很高亲和力，它优先将电子集中用于 NO 还原成为 N_2O，使 NO 浓度维持在极低的水平，避免 NO 对生物体的毒性影响（Fujiwara et al.，1996）；而 nosZ 编码的 N_2O 还原酶，在好氧和厌氧条件下都能够表达，且活性不受 O_2 抑制（Bell et al.，1991）。这就是说，多介质快速生物滤池中 napA 功能基因群落释放的 NO 和 N_2O，可以直接为转化 NO 的 qnorB 功能基因群落，以及转化 N_2O 的 nosZ 功能基因群落提供反应底物，从而使 *napA*、*qnorB* 和 *nosZ* 呈现共同富集现象。

2.6.2　稀有基因富集

Shannon-Wiener 多样性指数（H'），反映功能基因和菌群丰富多彩的程度，Shannon-Wiener 指数来源于信息理论，它的计算模型表明，H' 值越大，某种基因占总基因和菌群 copy 数比例越大，它对稀有基因和菌群的灵敏度较高（Keylock，2005）。多介质快速生物滤池的 H' 值沿水流方向递减，这就是说，越接近进水口越有利于氮转化稀有基因的富集。这些稀有基因主要是 *nxrA* 和 *nirK*，它们的丰度比其他功能基因少 1 个数量级，无论从绝对丰度还是相对多度来看，它们的富集区都在接近进水口的 0~10cm 层。亚硝酸盐氧化酶编码基因 *nxrA* 是将 NO_2^- 氧化为 NO_3^- 的关键基因，可作为 NO_2^- 氧化过程的 Marker（Poly et al.，2008；Jetten et al.，2008）。亚硝酸盐氧化菌（nitrite-oxidizing bacteria，NOB）对氧的亲和力比好氧氨氧化菌低，DO 小于 3.0mg/L 时抑制亚硝酸盐氧化菌的生长。可见，快速生物滤池的 DO（1.3~2.0mg/L）都不利于亚硝酸盐氧化菌的生长。亚硝酸盐还原酶编码基因 *nirK* 是将 NO_2^- 转化为 NO 的关键基因，可作为反硝化过程区别于其他过程的 Marker（Braker et al.，2003；Canfield et al.，2010），反硝化过程的最佳 DO 为 1.0~1.5mg/L（Ruiz，et al.，2003），显而易见，进水 DO 对反硝化菌生长有利，而出水 DO 会抑制反硝化活性，DO 是影响 *nirK* 富集的关键因子。

2.7　氮转化过程耦联机制

2.7.1　功能基因菌群协作

多介质快速生物滤池中 ANO-*napA*、ANO-*qnorB*、ANO-*nosZ*、*napA*-*nosZ*、*napA*-*qnorB* 和 *qnorB*-*nosZ* 均呈显著正相关。*napA* 编码的 NAP 酶催化的 NO_3^- 生成 NO_2^- 的反应，既为 ANO 的厌氧氨氧化作用提供反应底物 NO_2^-，又为 *qnorB* 和 *nosZ* 各自编码的酶催化的反应直接提供反应底物 NO 和 N_2O，*qnorB* 所编码的酶催化的反应也为 *nosZ* 所编码的酶催化的反应提供反应底物 N_2O（Scala et al.，1998；Codispoti，2010），这些功能基因菌群的营养生态位相互分离，在相同生态环境条件下，彼此互利协作。

nirK-*nxrA* 基因对呈显著正相关。*nirK* 基因编码的 NIR 酶催化的 NO_2^- 还原为 NO 的反应和 *nxrA* 基因编码的 NOR 酶催化的 NO_2^- 氧化为 NO_3^- 的反应共同利用反应底物 NO_2^-（Canfield et al.，2010），这就使这些功能基因菌群的营养生态位相

互重叠，可能存在资源利用性竞争。然而，快速生物滤池 NO_2^- 呈净累积，它们共同的底物资源 NO_2^- 相对过剩。这种情况下，它们的共同存在有利于消除 NO_2^- 累积产生的毒害作用（Fujiwara et al.，1996），此时主要呈原始协作关系。

2.7.2 功能基因菌群竞争

ANO-*nxrA* 和 ANO-*nirK* 均呈显著负相关。ANO 的厌氧氨氧化反应与 *nxrA* 基因所编码的 NOR 酶催化的亚硝酸盐氧化反应共同争夺反应底物 NO_2^-（Tsushima et al.，2007），ANO 和亚硝酸盐氧化菌存在资源利用性竞争；ANO 和亚硝酸盐氧化菌分别是厌氧和好氧条件下的优势菌属（Dionisi et al.，2002；Stephen et al.，1999），它们对生态环境的适应性差异较大，在同一个生境空间内呈现竞争性抑制（competition，direct interference type）。ANO 的厌氧氨氧化过程与 *nirK* 基因所编码的 NIR 酶催化的反硝化过程共同争夺反应底物 NO_2^-（Pina-Ochoa et al.，2010），这就是说，ANO 和反硝化菌也存在资源利用性竞争。

napA-nirK 基因对呈显著负相关。*napA* 基因编码的 NAP 酶催化 NO_3^- 还原为 NO_2^- 的反应为 *nirK* 基因编码的 NIR 酶催化的 NO_2^- 还原为 NO 的过程提供反应底物 NO_2^-（Canfield et al.，2010）。但是，好氧反硝化菌与厌氧反硝化菌分别是好氧和厌氧反硝化的优势菌落，它们对生态环境的适应性差异较大，在同一个生境空间内共存时，可能存在相互干涉性抑制。

nirK-qnorB 和 *nirK-nosZ* 基因对均呈显著负相关。*nirK* 基因所编码的 NIR 酶催化 NO_2^- 还原为 NO 的反应能够为 *qnorB* 和 *nosZ* 基因群落提供反应底物 NO（Canfield et al.，2010），但是，快速生物滤池进出水的 DO 在 1.3 ~ 2.0 mg/L，整个滤池都处于有氧环境条件，不利于 *nirK* 基因群落的富集，而 *qnorB* 和 *nosZ* 基因群落在有氧和无氧条件下都能够富集（Braker et al.，2003）。可见，在整个多介质快速生物滤池都处于有氧条件情况下，*nirK-qnorB*、*nirK-nosZ* 基因群落可能存在相互干涉性抑制。

2.7.3 氮转化过程耦联机制

丰度和相对多度是反映功能菌和功能基因编码酶催化反应过程活性的重要指标（Lopez-Gutierrez et al.，2004；Gruber and Galloway，2008；Falkowski et al.，2008；Tan and Ji，2010）。这里我们以多介质快速生物滤池中 ANO 和氮转化功能基因相对多度的平均数 10% 和平均数的一半 5% 为标准，界定快速生物滤池中氮转化的主反应过程、次反应过程和受限反应过程（设定 $A \geqslant 10\%$ 为主反应过程；$5\% \leqslant A < 10\%$ 为次反应过程；$A < 5\%$ 为受限反应过程）。根据这一界定标准，依据 ANO 和功能基因的相对多度绘制氮转化过程耦联关系图见图 2-11 和图 2-12。

不难发现，整个多介质快速生物滤池的主反应途径为厌氧氨氧化 – 反硝化耦联作用；沿水流方向自上而下，氮素转化主反应途径则由好氧氨氧化 – 厌氧反硝化耦联作用（0 ~ 10cm 层）、厌氧氨氧化 – 厌养反硝化 – 好氧反硝化耦联作用（30 ~ 40cm 层和 60 ~ 70cm 层），逐渐过渡至厌氧氨氧化 – 好氧反硝化耦联作用。

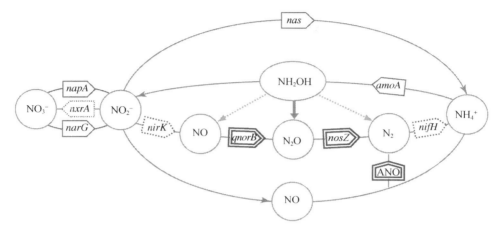

图 2-11　多介质快速生物滤池氮转化途径

整个快速生物滤池氮转化的主反应过程为 ANO 的厌氧氨氧化作用，以及 *qnorB* 和 *nosZ* 基因编码的酶催化的 NO 和 N_2O 的还原作用；次反应过程为异化硝酸盐还原、厌氧反硝化、好氧反硝化和好氧氨氧化作用；受限反应过程为稀有基因 *nxrA* 编码的酶催化的 NO_2^- 氧化作用和 *nirK* 编码的酶催化的 NO_2^- 还原为 NO 的作用（图 2-11）。由此可见，厌氧反硝化、好氧反硝化、厌氧氨氧化和好氧氨氧化四个过程的耦联协作是快速生物滤池脱出 NH_4^+ 和 TN 的效率都高达 88% 的关键机制；而 *nxrA* 和 *nirK* 各自编码酶催化反应过程的受限，是导致快速生物滤池出现 NO_2^- 少量累积的直接原因；此外，NO_3^- 的转化率高于 NH_4^+ 转化率，不仅与厌氧氨氧化、厌氧反硝化和好氧反硝化过程占主导地位有关，还与 *nas* 编码酶催化的异化硝酸盐异养还原反应的高活性有关。

多介质快速生物滤池 0 ~ 10cm 层的主反应过程为好氧氨氧化、NO_2^- 氧化、厌氧反硝化、NO_3^- 异化还原作用以及 *nosZ* 基因编码的酶催化的 N_2O 的还原作用；次反应过程为厌氧氨氧化、反硝化和好氧反硝化作用；受限反应过程为 *qnorB* 编码的酶催化的 NO 的还原作用［图 2-12（a）］。由此可见，好氧氨氧化菌和 NO_2^- 氧化菌在 0 ~ 10cm 层的相对富集是该层 NH_4^+ 转化的关键途径；而该层释放的主要气体 N_2O 来自 NO_3^- 和 NO_2^- 的反硝化作用。

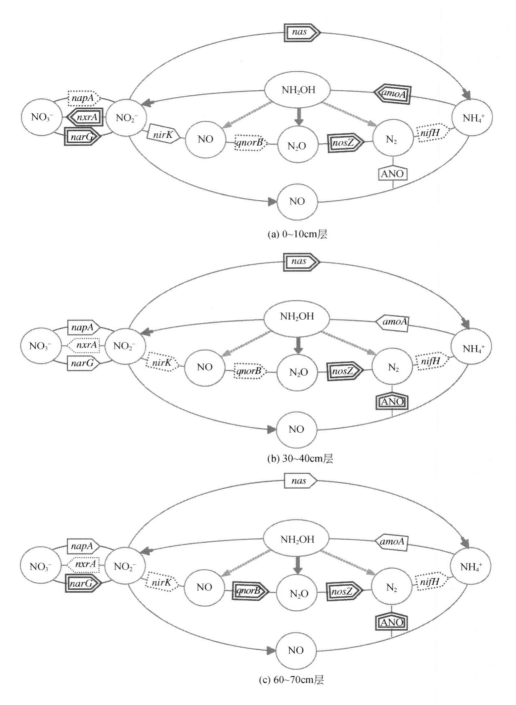

(a) 0~10cm层

(b) 30~40cm层

(c) 60~70cm层

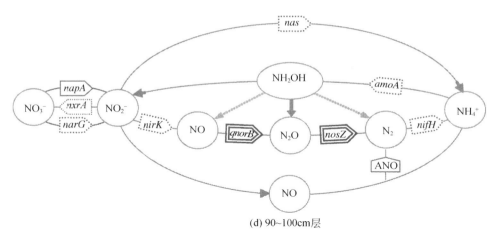

(d) 90~100cm层

图 2-12 氮转化途径沿水流方向演化

多介质快速生物滤池 30 ~40cm 层氮转化的主反应过程为厌氧氨氧化、厌氧反硝化作用、异化硝酸盐还原以及 *nosZ* 基因编码的酶催化的 N$_2$O 的还原作用；次反应过程为好氧氨氧化和好氧反硝化作用；受限反应过程为 *qnorB* 编码的酶催化的 NO 的还原作用，亚硝酸盐氧化作用和厌氧反硝化作用 [图 2-12 （b）]。由此可见，厌氧氨氧化菌和好氧氨氧菌在 30 ~40cm 层的相对富集是该层 NH$_4^+$ 转化的关键途径；而该层释放的主要气体中间产物 N$_2$O 主要来自厌氧反硝化和好氧反硝化。

多介质快速生物滤池 60 ~70cm 层氮转化的主反应过程为厌氧氨氧化、厌氧反硝化以及 *qnorB* 和 *nosZ* 基因编码的酶催化的 NO 和 N$_2$O 的还原作用；次反应过程为异化硝酸盐还原、好氧反硝化和好氧氨氧化作用；受限反应过程为稀有基因 *nxrA* 编码的酶催化的 NO$_2^-$ 氧化作用和 *nirK* 编码的酶催化的 NO$_2^-$ 还原为 NO 的作用 [图 2-12 （c）]。由此可见，厌氧氨氧化菌和好氧氨氧菌在 60 ~70cm 层的相对富集是该层 NH$_4^+$ 转化的关键途径；该层释放的气体中间产物 N$_2$O 和 NO 主要来自厌氧反硝化。

多介质快速生物滤池 90 ~100cm 层氮转化的主反应过程为厌氧氨氧化以及 *qnorB* 和 *nosZ* 基因编码的酶催化的 NO 和 N$_2$O 的还原作用；次反应过程为好氧反硝化和异化硝酸盐还原作用；受限反应过程为厌氧反硝化、好氧氨氧化，以及稀有基因 *nxrA* 编码的酶催化的 NO$_2^-$ 氧化作用和 *nirK* 编码的酶催化的 NO$_2^-$ 还原为 NO 的作用 [图 2-12 （d）]。由此可见，厌氧氨氧化菌在 60 ~70cm 层的相对富集是该层 NH$_4^+$ 转化的关键途径；NO$_3^-$ 和 NO$_2^-$ 的转化则依赖于好氧反硝化作用；而该层释放气体中间产物主要是 N$_2$O 和 NO。

第3章 多介质曝气生物滤池

3.1 概 述

曝气生物滤池是 20 世纪 80 ~ 90 年代在普通生物滤池的基础上，结合活性污泥法、生物接触氧化法和给水滤池等工艺的优点发展起来的一种新型的污水处理技术（Ji et al.，2009）。曝气生物滤池性能的优劣，很大程度上取决于滤料的特性（Sang et al.，2003）。目前，广泛使用的滤料主要有塑料蜂窝填料、立体波纹填料、软性纤维填料、半软性填料以及不规则粒状填料，如砂、碎石、矿渣、焦炭、无烟煤、沸石和陶粒等（Picanco et al.，2001）。其中，沸石和陶粒因具有表面粗糙、吸附能力（或生物膜附着力）强、不易老化等优点，被认为是两种性能优良的曝气生物滤池滤料（Zhang et al.，2007）。

沸石具有独特的吸附性、催化性、离子交换性和选择性、耐酸性、热稳定性、多成分性及较高的生物活性和抗毒性等。天然沸石尤其是斜发沸石被广泛证明具有很强的吸附能力，在自然界中广泛存在，是天然沸石中储量最丰富的一种，且廉价易得（Tian et al.，2002）。天然斜发沸石（clinoptilolite）曝气生物滤池（zeolite media biological aerated filter），除了具有普通生物滤池（BAF）的优点外，还具有有利于微生物生长繁殖、抗氨氮冲击负荷的特点（Tian et al.，2002）。沸石滤料不仅具有优良的吸附性能，其上部生长的硝化菌的数量是砂滤料的 3.5 倍，对 NH_4^+ 和 NO_3^- 的去除率都在 70%~90%，更适于微生物对有机氮和 NH_4^+ 的硝化作用（Chang et al.，2002；Zhang et al.，2007）。

陶粒是一种轻质滤料，具有很大的开孔率和较大的孔径，在生物滤池中填充陶粒，能够有效拦截水中的有机物，并通过表面固定的微生物降解有机物，去除氮磷等营养物（Hartman et al.，2007；Xu et al.，2008c）。陶粒生物滤池的微生物附着性、挂膜性能、水力流态、反冲洗和截污能力都比有机滤料强（Hartman et al.，2009），适合作为曝气生物滤池的滤料（Sang et al.，2003）。粉煤灰陶粒是一种轻质陶粒。粉煤灰陶粒，尤其是改性粉煤灰陶粒具有挂膜快、生物亲和性好、耐冲击负荷强等优点（Yu et al.，2004），是比较理想的曝气生物滤池滤料。为了改善粉煤灰陶粒的性能，使其更适合作为曝气生物滤池的滤料，通过向粉煤灰中掺杂金属 Fe 和锯末等改性剂，制备了 3 种具有 Fe/C 和 Fe/Fe$_3$C 双原电池效应的多介质生物陶粒，它们的表面积、微孔发达程度、表面粗糙度、堆积密度、孔径分布、酸碱溶蚀率和氮磷吸附容量等都比普通页岩和粉煤灰陶粒更加优良（见第 1 章），具有在曝气生物滤池中应用的潜力。

　　将生物陶粒与沸石分层填充至曝气生物滤池，能够实现生物陶粒和沸石的功能分异，有助于生物滤池去除不同的污染物（Osorio et al.，2002）。然而，尽管这种混合或分层填充的多介质曝气生物滤池能够较好地降解有机物，但因其存在水力负荷、有机负荷和氨氮容积负荷低，易堵塞等缺点，限制了其在污水处理中的广泛应用（Osorio et al.，2001；Li，2007；Fan，2007）。近年来，一些学者将功能强、粒径小的滤料以砖块嵌入式层叠填充至粒径较大的过滤材料中，构成砖墙式滤层结构，其中粒径较大的过滤材料构成水流通道，主要起导流作用，污水则在流经功能模块的过程中逐级得以净化，既可减缓滤层的堵塞时间，有效延长其使用寿命，又可提高滤层的水力负荷和容积负荷率（Pattnaik et al.，2007）。

3.2　多介质曝气生物滤池设计

3.2.1　滤池设计

　　多介质曝气生物滤池为上部连续进水，底部出水，布气管置于滤池中部，距离底部 700mm。1#多介质曝气生物滤池以砖块式将 1#多介质生物陶粒填充至粒径为 2cm 的天然斜发沸石床中，共填充 12 层，单个多介质模块的规格为 20mm × 80mm × 80mm，模块层上下间距 40mm，左右间距 10mm；2#和 3#多介质曝气生物滤池中多介质模块分别填充 2#和 3#多介质生物陶粒，其余部分填充材料和方式与 1#多介质曝气生物滤池完全相同（图 3-1）。

3.2.2　运行控制

　　多介质曝气生物滤池内接种复合微生物菌剂，投加量为 3g/L。模拟污水的组成 COD∶TN∶TP 为 50∶5∶1（其中，COD 为 200mg/L），pH 控制在 6.5 ~ 7.5，水温 20 ~ 25℃。多介质曝气生物滤池启动分挂膜和驯化两个阶段（共 16d），首先对系统进行 3d 的闷曝，使微生物固定在改性陶粒和沸石上，然后换水，继续闷曝 3d，此后每天替换部分污水持续 4d，然后进入驯化阶段。驯化初期，首先采用 0.9m^3/（m^2·d）的低水力负荷下运行 3d，再将水力负荷提高到 2.7m^3/（m^2·d）运行 3d 后，经测定 COD 的去除率大于 60%，生物滤池启动成功。此后，进入为期 120d 的水力负荷、容积负荷和微生物群落组成特性研究阶段，各

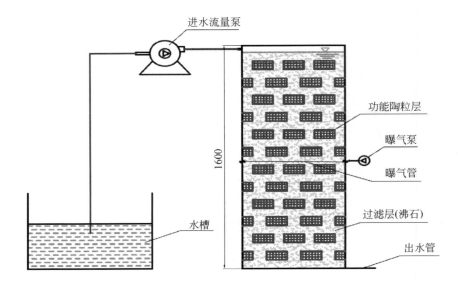

图 3-1　多介质曝气生物滤池（单位：mm）

个阶段的运行及控制参数见表 3-1。

表 3-1　多介质曝气生物滤池运行控制参数

运行时间/d	水力负荷 /[m³/ (m²·d)]	进水流量 /(L/d)	水力停留 时间/h	进水 COD/(mg/L)	进水 NH₄⁺ /(mg/L)	进水 TP /(mg/L)
0~9	2.8	22.5	5.73	200	20	4
10~19	3.75	30.0	4.30	200	20	4
20~29	4.69	37.5	3.44	200	20	4
30~39	5.63	45.0	2.87	200	20	4
40~49	7.50	60.0	2.15	200	20	4
50~59	4.69	37.5	3.44	100	20	4
60~69	4.69	37.5	3.44	200	20	4
70~79	4.69	37.5	3.44	300	20	4
80~89	4.69	37.5	3.44	400	20	4
90~99	4.69	37.5	3.44	200	20	4
100~109	4.69	37.5	3.44	200	30	4
110~119	4.69	37.5	3.44	200	40	4

3.3　限制性水力负荷

3.3.1　基于 COD 的水力负荷

多介质曝气生物滤池的水力负荷提高 2 倍［由 2.8m³／（m²·d）增加至 7.5m³／（m²·d）］，1#、2#和 3#多介质曝气生物滤池对 COD 的去除率下降 20%、15% 和 14%［图 3-2（a）］。也就是说，多介质生物陶粒金属铁掺杂量越大，生物滤池受水力负荷的影响越小，对水力负荷的耐受性越强。这是主要是因为多介质生物陶粒的金属铁掺杂量越多，孔隙分布越优，对有机物的吸附容量越大（Ji et al.，2010）。

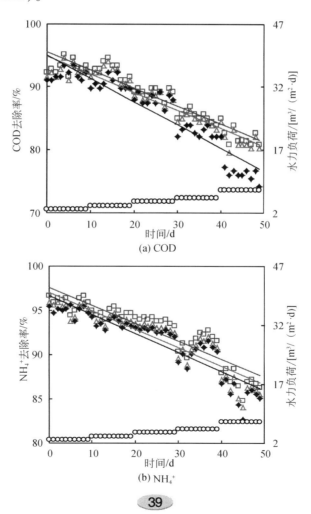

(a) COD

(b) NH₄⁺

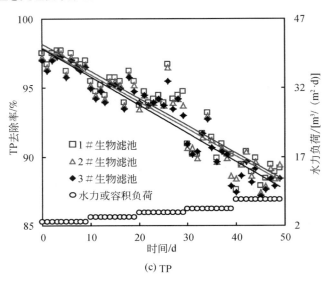

图 3-2　多介质曝气生物滤池水力负荷

3.3.2　基于 NH_4^+ 的水力负荷

　　水力负荷提高 2 倍 [由 2.8 m^3／（m^2·d）增至 7.5 m^3／（m^2·d）]，1#、2# 和 3# 多介质曝气生物滤池对 NH_4^+ 的去除率分别下降 13%、12% 和 12%，而且，水力负荷为 7.5 m^3／（m^2·d）时，3 种生物滤池对 NH_4^+ 的去除率均高于 86% [图 3-2（b）]。而相同水力负荷情况下，混合填充的炉渣 – 沸石和普通陶粒 – 炉渣 生物滤池的 NH_4^+ 去除率仅为 70% 和 69%（Li，2007；Fan，2007）。也就是说，在 水力负荷增加 3 倍的情况下，3 种多介质曝气生物滤池仍具有较高的 NH_4^+ 去除率，且 3 种多介质曝气生物滤池 NH_4^+ 去除率受水力负荷的影响差异不显著。这是因为，首先，3 种多介质生物陶粒的比表面积和 NH_3-N 吸附容量都比炉渣和普通陶粒高 （Li，2007；Fan，2007；Ji et al.，2010）；其次，砖墙式层叠填充方式，使水流通 道和功能区具有不同的氧化还原条件，有利于硝化和反硝化细菌的分区生长，从而 使更多的 NH_4^+ 被微生物转化（Pattnaik et al.，2007）。此外，Fe/C 和 Fe/Fe_3C 双 原电池效应可促进 NH_4^+ 和 NO_3^- 的转化（Inagaki，1998；Mcgeough，2007），而 3 种多介质生物陶粒中均可形成 Fe/C 和 Fe/Fe_3C 双原电池效应（Ji et al.，2010），这也会使多介质曝气生物滤池的氮转化效率及抗水力负荷冲击能力更强。

　　需要指出的是，多介质曝气生物滤池 NH_4^+ 去除率随水力负荷的提高略有降低 [图 3-2（b）]。然而，Pujol 等（1994）曾发现，提高曝气生物滤池的水力负荷可促进硝化速率的提高，原因在于，高水力负荷可促进液相和生物膜的物料传质，而低水力负荷容易出现沟流以及微生物营养不足。本研究发现，在水力负荷较低的情况下，砖墙式生物滤池仍然有很好的物料传质，未出现沟流和堵塞现象，而且多介质曝气生物滤池良好的水力流态和充氧能力，也使硝化菌在好氧区大量生长，从而提高了低水力负荷下多介质曝气生物滤池的硝化性能；随着水力负荷的增加，有机负荷也相应增加，异氧菌得以大量繁殖，从而因硝化菌在 DO和营养物质竞争中处于劣势，而活性有所下降，使多介质曝气生物滤池对 NH_4^+的降解能力随之下降（Li，2007）。

3.3.3　基于 TP 的水力负荷

水力负荷提高 2 倍，3 种多介质曝气生物滤池对 TP 的去除率分别下降了8%~9%，多介质生物陶粒金属铁添加量越多，下降越少；但是，在水力负荷为$7.5m^3/$（$m^2\cdot d$）的情况下，3 种多介质曝气生物滤池的 TP 去除率仍大于88%［图 3-2（c）］，而相同负荷炉渣－沸石和普通陶粒－炉渣生物滤池对 TP 的最大去除率仅为 21% 和 22%。这是因为，3 种多介质生物陶粒对总磷吸附容量差异不大，但均显著高于炉渣和普通陶粒（Ji et al.，2010）；此外，多介质生物陶粒－沸石的砖墙式填充方式，以及中间曝气的曝气方式，也有利于多介质曝气生物滤池内部形成明显的厌氧/好氧分区，有利于聚磷菌的生长，而聚磷菌的好氧聚磷和厌氧释磷作用也是生物滤池去除总磷的重要途径（Luanmanee et al.，2001；Luanmanee et al.，2002；Pattnaik et al.，2007）。

3.4　污染物容积负荷

在水力负荷为 $4.69m^3/$（$m^2\cdot d$），水力停留时间（HRT）为 3.44h 的优化条件下，考察 COD 和 NH_4^+ 容积负荷对 1#、2#和 3#多介质曝气生物滤池净化污水中有机物和氮效果的影响。

3.4.1　有机负荷

1. 有机负荷

有机负荷由 0.39kgCOD/（$m^3\cdot d$）逐渐增至 1.56kgCOD/（$m^3\cdot d$）的过程中，1#、2#和 3#多介质曝气生物滤池 COD 去除率分别由 81%、82% 和 84%，升高至 93%、93% 和 94%［图 3-3（a）］，分别升高了 12%、11% 和 10%。也就是说，在较低和较高有机负荷情况下，3 种多介质曝气生物滤池都具有较高的 COD去除率，且有机负荷越小，陶粒中金属铁掺杂量对生物滤池 COD 去除率影响越大；有机负荷越大，陶粒中金属铁掺杂量对生物滤池 COD 去除率影响越小。

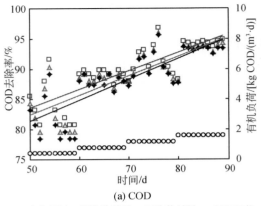

(a) COD

□1#生物滤池 △2#生物滤池 ◆3#生物滤池 ○容积负荷

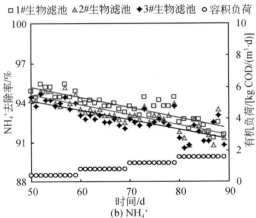

(b) NH₄⁺

□1#生物滤池 △2#生物滤池 ◆3#生物滤池 ○容积负荷

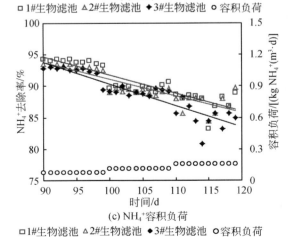

(c) NH₄⁺容积负荷

□1#生物滤池 △2#生物滤池 ◆3#生物滤池 ○容积负荷

图 3-3 多介质曝气生物滤池容积负荷

一般认为，有机负荷较低 [$\leqslant 0.2$kgCOD/（$m^3 \cdot d$）] 时，生物滤池内微生物的生长受底物浓度的限制，有机物去除率受出水最小有机物浓度的限制（Liao et al.，2008）；有机物负荷较高时，生物滤池内微生物生长主要受 COD∶TN∶TP 比的限制，COD∶TN∶TP 越接近 100∶5∶1，微生物生长越快（Ji et al.，2009）。多介质曝气生物滤池进水最小有机负荷为 0.39kgCOD/（$m^3 \cdot d$），大于 0.2kgCOD/（$m^3 \cdot d$），有机底物不是微生物生长的限制因素；进水最大负荷为 1.56kgCOD/（$m^3 \cdot d$），此时，生物滤池进水 COD∶TN∶TP 比为 100∶5∶1，有利于微生物的生长，因此，在最低和最高有机负荷下，3 种多介质生物滤池都有较高的 COD 去除率。

此外，有机负荷较低时，生物陶粒的吸附容量尚未饱和，此时，金属铁掺杂量越多，生物陶粒的比表面积越大，Fe/C 双原电池效应越强（Ji et al.，2010），越有利于吸附去除有机物；有机负荷较高时，生物陶粒的吸附容量可能已趋于饱和，加之大量微生物及其胞外多聚物包裹在陶粒表面，可能会导致双原电池效应降解的有机物显著减少。

2. 有机负荷对除氮的影响

有机负荷增加 3 倍 [由 0.39kgCOD/（$m^3 \cdot d$）逐渐增至 1.56kgCOD/（$m^3 \cdot d$）]，3 种多介质曝气生物滤池对 NH_4^+ 的平均去除率均下降3% [图 3-3（b）]。也就是说，NH_4^+ 的去除率随着有机负荷的增加而减少，但是趋势并不显著。这是因为，随着有机负荷的提高，微生物的耗氧量也随之增加，于是，DO 很可能会成为硝化反应的限制因素，当进水有机物浓度超过生物膜的分解能力时，NH_4^+ 去除率自然会下降；此外，生物滤池中降解有机物和 NH_4^+ 的主要菌群分别是异养菌和自养菌，异养菌和自养菌在生物滤池中所占丰度的多少，直接影响生物滤池去除有机物和 NH_4^+ 的效果（Liao et al.，2008；Ji et al.，2009）。

多介质曝气生物滤池采用中间曝气的运行方式，当进水有机物负荷较低时，上层 DO 较高，有利于降解有机物的异养菌的生长，有机物在此区域会被快速降解，从而使大量低 C/N 比的污水进入生物滤池 DO 较低的下层区域，导致自养菌在该区域占优势，自养菌能够将污水中的氨氮转化为硝酸盐氮或亚硝酸盐氮（Pattnaik et al.，2007；Tong et al.，2009），因此，提高了 NH_4^+ 的去除率。随着有机负荷的增加，多介质曝气生物滤池上部的异养菌很可能因营养充分而大量生长，不断侵占自养菌的生存空间，使自养菌的生长空间不断减少，从而使得多介质曝气生物滤池的硝化能力减弱，NH_4^+ 的去除率也随之减少。

3.4.2　氨氮容积负荷

NH_4^+ 负荷提高 1 倍 [由 0.078kg/（$m^3 \cdot d$）增至 0.156kg/（$m^3 \cdot d$）]，1#、

2#和3#生物滤池的 NH_4^+ 去除率分别下降6%~7%，陶粒的金属铁掺杂量越多，生物滤池 NH_4^+ 去除率越高［图3-3（c）］。这主要是因为，NH_4^+ 容积负荷较低时，生物滤池的硝化能力较强；NH_4^+ 负荷较高时，大量游离氨的存在会抑制硝化菌的活性（Tong et al.，2009）。此外，金属铁掺杂量越多，陶粒的 NH_3-N 吸附容量越大，对氨态氮和硝态氮的转化能力也越强（Ji et al.，2010）。

3.5 微生物分布规律

3.5.1 微生物形态

为了直观反映微生物在多介质生物陶粒表面和内部的生长情况，分别对取自3种多介质曝气生物滤池第4层多介质生物陶粒模块的陶粒表面及内部进行了扫描电镜分析［图3-4（a），（b），（c），（d），（e），（f）］。由图3-4可知，3种多介质生物陶粒的表面和内部都固定了大量微生物及其分泌的胞外多聚物。

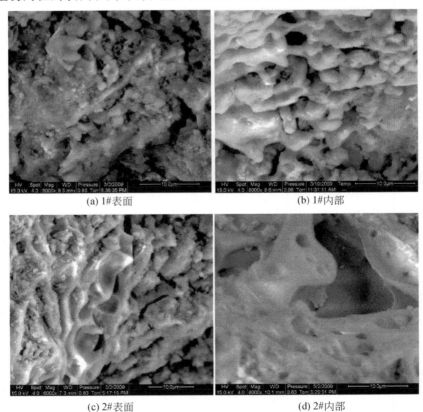

(a) 1#表面　　　　　　　　　　　　(b) 1#内部

(c) 2#表面　　　　　　　　　　　　(d) 2#内部

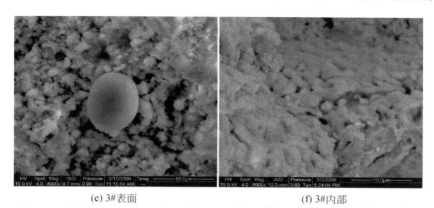

(e) 3#表面　　　　　　　　　(f) 3#内部

图 3-4　多介质生物陶粒表面和内部微生物形态

3.5.2　微生物多样性

PCR 扩增产物经琼脂糖电泳后凝胶成像分析软件（Lab Works 4.5）分析。3 种多介质生物陶粒在各泳道分离得到的条带数，以及根据 16S rDNA 测序结果，采用 Bio-Rad Quantity One 4.3 软件进行相似性分析得到的相似百分数见图 3-5。由图 3-5 可知，DGGE 图谱中共有 29 条明显的条带，1#、2#和 3#多介质生物陶粒中的条带数分别为 22 条、23 条和 18 条。从 3 种多介质生物陶粒中微生物的条带数目和亮度来看，所填充的多介质生物陶粒的性能不同，多介质曝气生物滤池运行过程中的营养水平和环境条件也存在差异，3 种多介质曝气生物滤池中的优势条带位置、亮度以及条带数目也表现出一定的差异性，每个样品都有几个较亮的条带出现，也就是说，3 种多介质曝气生物滤池中的优势种群也不相同。

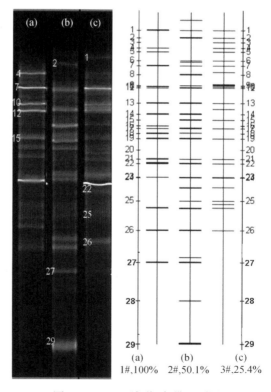

图 3-5　DGGE 泳道/条带识别图

　　各样品中存在位置相同，但亮度不同的条带有 1、7、11、12、13、17、19、21、22、23 和 26，这些菌属对环境条件变化的适应能力较强，所以在每个多介质曝气生物滤池中都能稳定存在。同时，也有很多条带仅在图谱的某个位置出现，说明这些条带所代表的微生物群落对环境条件敏感，仅在特定条件下存在，当环境条件发生变化时，此类微生物则由优势种群转变为非优势种群或消亡。

　　根据 16S rDNA 测序结果，采用 Bio-Rad Quantity One 4.3 软件进行同源性分析，得到密度分布曲线［图 3-6（a），（b），（c）］，图 3-6 反映了各泳道（land）中特定条带的优势度。选择 PCR-DGGE 结果进行切胶、扩增、测序。对于 DGGE 图谱中区分明显、清晰的条带进行切割，具体选择的条带部位见图 3-5，按照从上到下的顺序，给切胶的条带编号为 1、2、4、7、10、12、15、22、25、26、27 和 29。切下来的条带经过处理并进行扩增，成为 200bp 左右的片段，送测序公司测序，测序结果见表 3-2。

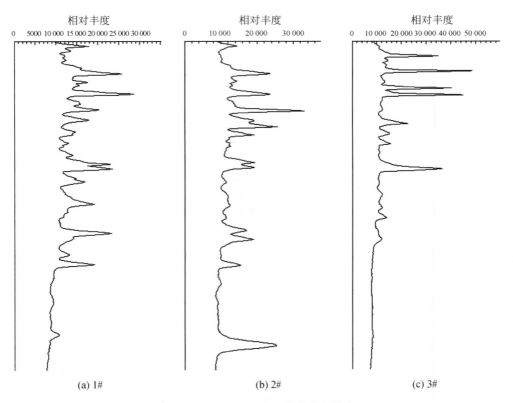

(a) 1#　　　　　　　(b) 2#　　　　　　　(c) 3#

图 3-6　16S rDNA DGGE 条带密度曲线

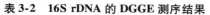

表 3-2　16S rDNA 的 DGGE 测序结果

条带	测序结果
1	GATGCAGCAACGCCGCGTGAGCGATGAAGGCCTTTGGGTCGTAAAGCTCTGTCCTTGGGGAA GAAACAAATGACGGTACCCTTGGAGGAAGCCCCGGCTAACTACGTGCCAGCGAGCCGCGGTA ATA
2	TGACGCAGCCATGCCGCGTGAATGATGAAGGTCTTAGGATTGTAAAATTCTTTCACCGGGGA CGATAATGACGGTACCCGGAGAAGAAGCCCCGGCTAACTTCGTGCCAGCGAGCCGCGGTAA TA
4	CCTGATGCAGCAACGCCGCGTGAGTGATGACGGCCTTCGGGTTGTAAAACTCTGTCTTTGGG GACGATAATGACGGTACCCAAGGAGGAAGCCACGGCTAACTACGTGCCAGCGAGCCGCGGT AATA
7	CCTGATGCAGCAACGCCGCGTGAGTGATGACGGTCTTCGGATTGTAAAGCTCTGTCTTCAGGG ACGATAATGACGGTACCTGAGGAGGAAGCCACGGCTAACTACGTGCCAGCGAGCCGCGGTAA TA
10	TGCAGCAACGCCGCGTGAGTGATGACGGTCTTCGGATTGTAAAACTCTGTCTTCGGGGACGAT AATGACGGTACCTGAGGAGGAAGCCACGGCTAACTACGTGCCAGCGAGCCGCGGTAAT
12	TCTAGCCATGCCGCGTGAGCGATGAAGGCCTTAGGGTTGTAAAGCTCTTTCAGTGGGGAAGAT AATGACTGTACCCACAGAAGAAGCCCCGGCTAACTCCGTGCCAGCGAGCCGCGGTAATA
15	CCTGATGCAGCAACGCCGCGTGAGTGATGACGGTCTTCGGGTTGTAAAGCTCTTTCTTTGGGGA CGATAATGACGGTACCTACGGAGGAAGCCCCGGCTAACTACGTGCCAGCAGCCGCGGTAATAG TTCGTGCCAGCAGCCACGGTAATA
22	CGGAGCACGCCGCGTGAGTGAAGAAGGTTTTCGGATCGTAAAACTCTGTTGTCCGAGAAGAAC AAGTTGGAGAGTAACTGCTCCAGCCTTGACGGTATCTGACCAGAAAGCCACGGCTAACTACGT GCCAGCGAGCCGCGGTAATA
25	TGCCTGATGCAGCCCGCCGCGTGAGTGATGAAGGCCTTCGGGTTGTAAAGCTCTTTCATCGG GGACGATAATGACGGGACCCGCAGAGTAAGCCCCGGCTAACTCCGTGCCAGCAGCCGCGG TAATAAAAATATGTGCCAGCAGCCGCGGTTATA
26	AGCGACGCCGCGTGAGTGAAGAAGGTTTCGGGTGTAAAGCTCTATCAGCAGGGAAGATAATGA CAGTACCTGACTAATAAGCCCCGGCTAACTACGTGCCAGCGAGCCGCGGTAATATACGTGCC AGCGAGCCGCGGTAATAA
27	ATGATCCAGCCATGCCGCGTGAGTGAAGAAGGTCTTCGGATTGTAAAGCTCTTTCAGTTGGGAG GAAGGGGATTAACCTAATACGTTAGTGTTTTGACGTTACCGAGACAATAACCACCGGCTTACTC TGTGCCAGCAGCCGCGGTAATA
29	AGAAGCTGATCAGCCATCCCGCGTGAAGGATTAAGGTCCTATGGATTGTAAACTTCTTTTGTAT AGGGATAAACCTACTCTCGTGAGAGTAGCTGAAGGTACTATACGAATAAGCACCGGCTAACTC CGTGCCAGCAGCCGCGGTAATA

3.5.3 微生物系统发育

对 DGGE 中的优势条带进行切胶、扩增、测序，根据美国生物工程中心
（National Center for Biotechnology Information，NCBI）的 BLASTn 程序进一步比对，
结果见表 3-3。采用 Sequencher 5.0 软件（Gene Codes，Ann Arbor，MI）拼接测
序结果，并去掉载体序列。应用 Clustal W 软件将各文库序列与细菌界框架序列
对齐后，以 Phylip 软件包中 NJ 法绘制进化树，绘制的系统发育树见图3-7。表3-
3 和图 3-7 的结果表明，3 种多介质曝气生物滤池中微生物的数量和种类都很多，
生物滤池中均已形成稳定的共存体系，这也是多介质曝气生物滤池具有较高水力
负荷和容积负荷耐受性的原因。

表 3-3　16S rDNA 的 DGGE 比对结果

条带	同源性最近序列	属名	长度/bp	相似性/%	提交序号
1	Uncultured bacterium	假单胞菌属	803	99	AF447137.1
2	Caulobacter sp.	柄杆菌属	1249	99	EU723141.1
4	Uncultured bacterium	变形菌属	500	98	AJ518357.1
7	Uncultured bacterium	梭菌属	446	99	EU090153.1
10	Uncultured bacterium	诱导反硝化	1354	98	AB486996.1
12	Uncultured sludge bacterium	变形菌属	1457	99	AF234745.1
15	Clostridium sp.	梭菌属	783	96	FM877587.1
22	Uncultured bacterium	变形菌属	925	97	FM201236.1
25	Phyllobacterium sp.	叶杆菌属	1455	92	FN297835.1
26	Clostridium sp.	梭菌属	1390	94	AY534872.1
27	Pseudomonas sp.	假单胞菌属	1505	95	EU681023.1
29	Uncultured bacterium	聚磷菌	604	97	EU515700.1

主要存在于 3#多介质曝气生物滤池中的 Band 1，以及主要存在于 2#生物滤
池中的 Band 27 与 Dennis 等（2003）分离得到的假单胞菌属（Pseudomonas sp.）
相似度分别达到 99% 和 95%。Pseudomonas sp. 既能够除磷，也能够将硝酸盐转
化为亚硝酸盐（Kornaros et al.，1997；Maron，et al.，2004）。

主要存在于 2#多介质曝气生物滤池中的 Band 2 与 Caulobacter sp. 的相似性达
到了 99%。Caulobacter sp. 为化能异氧菌，常分布于贫营养或中营养污水中，主
要参与厌氧环境下的氮循环，是一种厌氧氨氧化细菌（Christina et al.，2007；
DeAngelis et al.，2008）。

Band 4 主要存在于 1#多介质曝气生物滤池，Band 12 和 Band 22 在 3 种生物

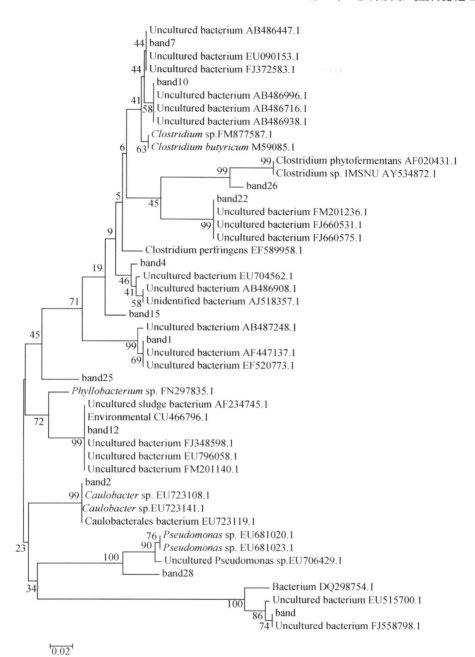

图 3-7　16S rDNA 系统进化树

滤池中的丰度都很高。Band 4 与 Wobus 等（2003）在富营养条件下的水库沉积物中分离得到的 β-Proteobacteria sp. 的相似性达到 98%。Band 12、Band 22 与 Huang 等（2008）在膜生物反应器中分得的 α-Proteobacteria sp. 和 β-Proteobacteria sp. 的相似性均达到 99%。关于 β-Proteobacteria sp. 的研究较多，Yin 等（2009）证实该细菌与生物滤池中的氨氧化作用相关。Monique 等（2002）认为，β-Proteobacteria sp. 是氨氧化过程中，起亚硝化作用的主导菌属。Liu 等（2005）从除磷的活性污泥中也分离到 β-Proteobacteria sp.，证实 β-Proteobacteria sp. 也具有除磷作用。

在 3 种多介质曝气生物滤池中都大量存在的 Band 7 和 Band 26 与 Lee 等（2008）从处理高浓度有机废水的 ASBR 中分离得到的 Clostridium sp. 的相似性分别达 99% 和 94%，主要存在于 2# 和 3# 生物滤池的 Band 15 与 Clostridium sp. 的相似性为 96%。Zeynep 等（2009）从高污染厌氧海底沉积物中也曾分离得到 Clostridium sp.，Bozic 等（2009）证实 Clostridium sp. 为专性厌氧发酵菌，具有很强的有机物降解能力，Jeong 等（2007）证实 Clostridium sp. 能够水解糖和蛋白质。

Band 10 主要存在于 1# 和 3# 多介质曝气生物滤池中，为未经纯化培养的菌种，有关其特性的信息非常少，在 NCBI 上提交的信息显示，该菌与 Ishii 等分离的 Uncultured bacterium 菌相似性达 98%。Ishii 等分离的 Uncultured bacterium 属主要作用是诱导反硝化反应，据此可以推测，Band 10 也可能是一种诱导反硝化作用的细菌。

Band 25 主要存在于 2# 和 1# 多介质曝气生物滤池中，但在两者中的丰度都不高。Band 25 与 Phyllobacterium sp. 的相似性为 92%，未达到属的认定标准（93%），可能是一种新菌。关于 Phyllobacterium sp. 的研究目前尚处在起步阶段，Phyllobacterium sp. 有固氮功能（Rojas et al.，2001），也有溶解矿石中磷酸盐的能力（Chen et al.，2006）。

Band 29 是 2# 多介质曝气生物滤池的优势菌，与 Gloess 等（Gloess et al.，2008；Militza et al.，2006）报道的聚磷菌相似性为 97%。

3.5.4　微生物丰度

利用 real-time PCR 对 3 种多介质曝气生物滤池的总细菌、真细菌和厌氧氨氧化细菌进行了定量，结果表明，3 种多介质曝气生物滤池固定的总细菌和真细菌的数量级都达到 10^9 copies/g 陶粒以上，厌氧氨氧化菌的数量级也超过 10^5 copies/g 陶粒。其中，多介质生物陶粒所固定的总细菌和真细菌的数目，均随金属铁掺杂量的增加而显著增加，厌氧氨氧化细菌占总细菌的比例则随金属铁掺杂量的增加而显著下降，金属铁掺杂量每增加 1 倍，多介质生物陶粒所固定的总细菌和真细菌数目约提高 1 倍，厌氧氨氧化菌占总细菌的比例则减少 1 倍（图 3-8）。

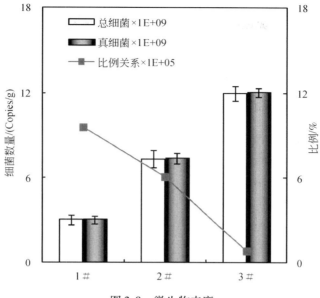

图 3-8　微生物丰度

第4章 多介质地下渗滤系统

4.1 概 述

地下渗滤系统是将污水投配到具有一定构造和良好扩散性能的介质层中，在毛管浸润和渗滤作用下向周围运动，利用介质–植物–微生物系统的物理、化学和生化作用将污水净化的一种土地处理系统（USEPA，1992）。地下渗滤系统由于利用了自然介质的净化能力，因而具有基建及运行管理费用低、无需曝气、低能耗、净化效率高、能够利用污水中的水肥资源，把污水处理与绿化相结合等优点（Kadam et al.，2008；Hedmark et al.，2010）。随着世界范围内水资源短缺形势的日益严重和污水回用研究的广泛开展，在日本、美国、欧洲、中国和以色列等国家和地区，地下渗滤系统的研究和应用日益受到重视（Kopchynski et al.，1996；Kadam et al.，2008；Oren et al.，2009）。

在地下渗滤系统中，污水在配水系统的控制下，经布水层，通过毛细管浸润层的毛管作用，缓慢地向上并向四周浸润、扩散入周围介质，在地表 30~50cm 以下的介质层发生着非饱和渗透（USEPA，1992；Conroy et al.，2005；Lin et al.，2006；Xue et al.，2009）。此层介质吸附容量大，团粒结构发达，渗透速率高，毛细作用强，通透性较好，同时，有机质含量丰富，富含微生物所必需的营养和能源物质，加之适宜的性状为微生物提供了良好的生存发育环境，具有较高的生物活性，聚集着大量微生物及微型动物（Magesan et al.，2000；Kadam et al.，2008）。污水中的氮素，一方面在沿毛细管上升过程中通过物理阻留和吸附作用，截流在介质中；另一方面，被阻留和吸附在介质中的氮素，在微生物的作用下，经生物化学反应，被分解转化，这也是脱氮的关键过程（Van Cuyk et al.，2001；Wang et al.，2010）。在地下渗滤系统中，微生物过程是脱氮的最主要作用途径（Kopchynski et al.，1996；Van Cuyk et al.，2001；Li et al.，2011）。微生物脱氮的途径主要有：硝化、反硝化和厌氧氨氧化等过程（Tsushima et al.，2007）。硝化作用又分两个阶段，NH_4^+ 氧化成 NO_2^- 的好氧氨氧化阶段和 NO_2^- 进一步氧化成 NO_3^- 的亚硝酸盐氧化阶段（Jetten et al.，2008）；除了好氧氨氧化作用，在自然环境和污水处理系统中还存在以 NH_4^+ 为电子供体，以 NO_3^- 或 NO_2^-

为电子受体，将 NH_4^+、NO_3^-（或 NO_2^-）转化为 N_2 的过程，即厌氧氨氧化现象（Kuypers et al.，2003）；反硝化包括传统反硝化和好氧反硝化，传统反硝化作用是指自养菌在厌氧条件下还原 NO_3^- 的过程，好氧反硝化是指异养菌在好氧条件下还原 NO_3^- 的过程。此外，好氧反硝化菌的异养硝化、微生物固氮和好氧条件下硝酸呼吸也被证实广泛存在（McDevitt et al.，2000）。

近年来，研究者先后利用 16S rRNA、细胞周质空间及细胞膜结合的硝酸盐还原酶基因（*napA* 和 *narG*）、含有细胞色素 cdl 和 Cu 的亚硝酸盐还原酶（*nirS* 和 *nirK*）基因和氧化亚氮还原酶基因（*nosZ*）等对脱氮过程的相关细菌进行了大量研究，并对氮转化相关微生物及其微生态分子机制进行了相关的研究探索，尤其在土壤、生物滤池、海洋、农田等系统中微生物氮转化过程以及对脱氮微生物及氮循环关键过程的功能基因与环境生态因子的关系方面取得了较大进展（Lam et al.，2007；Gruber and Galloway，2008）。

4.2　多介质地下渗滤系统设计

4.2.1　系统设计

多介质地下渗滤系统的有效深度为 150cm，依次为植物根际层（0～30cm）、毛管浸润层（30～50cm）、布水层（50～70cm）、多介质渗滤层（70～130cm）、集水层（130～150cm）（图 4-1）。植物根际层主要由回填原生砂壤土组成；毛管浸润层填充粒径 20mm 焦渣；布水层填充平均粒径为 1cm 的砾石和平均粒径 2mm 的改性沸石，两者的体积比为 7:1；布水层中设有布水槽，槽上覆盖一层微孔聚胺酯薄膜，布水槽填充平均粒为 30mm 砾石；多介质渗滤层由 4 层多介质模块嵌套填充至透水材料中构成，每个多介质模块的长、宽、高分别为 250cm、30cm、10cm，模块间水平间距 10cm，垂直间距 5cm；多介质模块由生物陶粒、粒径 2mm 的斜发沸石、粒径 1mm 的斜发沸石按体积比 1:1:1 混合而成；集水层填充平均粒径 20mm 的焦渣和 30mm 的砾石，体积比为 2:1。地下渗滤系统地表种植麦冬草，栽种密度 9 株/m²，同行株间距离 30cm，栽种深度为 20cm。其中，生物陶粒为 3#多介质生物陶粒，其性能见第 1 章。

4.2.2　运行控制

地下渗滤系统启动和运行期间，未进行温度控制，进出水温度变化范围为 18～25℃。多介质地下渗滤设施于 2009 年 5 月 11 日开始调试运行，分析了 5 月 25 日至 9 月 28 日共 16 周的 NH_4^+、NO_3^-、NO_2^-、TN 和 COD 的转化速率。多介质

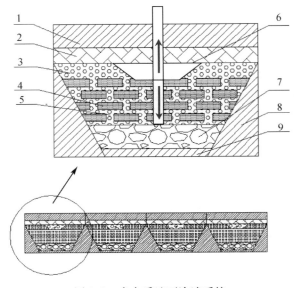

图 4-1　多介质地下渗滤系统

1. 植物根际层；2. 毛管浸润层；3. 布水层；4. 多介质模块；5. 透水模块；

6. 布水槽；7. 集水层；8. 梯形墙；9. 防渗膜

地下渗滤系统启动运行共经历 4 个不同阶段，5 月 11 日至 5 月 31 日为启动驯化阶段，水力负荷为 2.5cm/d；6 月 1 日至 7 月 18 日为调试运行阶段，水力负荷为 5.0cm/d；7 月 19 日至 8 月 31 日为水力负荷冲击试验阶段，水力负荷为 10.0cm/d；9 月 1 日至 9 月 28 日为 TN 负荷冲击试验阶段，在水力负荷不变的情况下，TN 负荷提高 3 倍。C/N 比进水平均值 3.3，出水平均值 3.7；DO 进水平均值 2.4mg/L，出水平均值 1.8mg/L；pH 进水平均值 7.53，出水平均值 7.64。

多介质地下渗滤系统运行期间，水样每周采集一次，现场测定 NH_4^+、NO_2^-、NO_3^-、TN、COD、pH、DO 和氧化还原电位。微生物样品 9 月 28 日采集，共 6 组样品，即每组地下渗滤系统的根际层、毛管浸润层、布水层和集水层各采集 1 组样品，并在多介质模块中的第 1 层和第 3 层各采集 1 组样品（15cm、40cm、60cm、80cm、110cm 和 130cm 层）。

4.3　氮转化速率

4.3.1　NH_4^+ 和 TN 转化速率

水力负荷为 5.0cm/d 的调试运行阶段（6 月 1 日至 7 月 18 日），NH_4^+ 和 TN 的平均去除率分别为 90.0% 和 65.6%；水力负荷提高 1 倍至 10.0cm/d（7 月 19 日至 8 月 31 日）后，地下渗滤系统去除 NH_4^+ 和 TN 的效率分别降至 94.1% 和 69.5%；当 TN 的容积负荷提高 3 倍后，地下渗滤系统稳定运行阶段（9 月 1～28 日）NH_4^+ 和 TN 的平均去除效率又分别增至 95.2% 和 90.2%〔图 4-2（a），（b）〕。

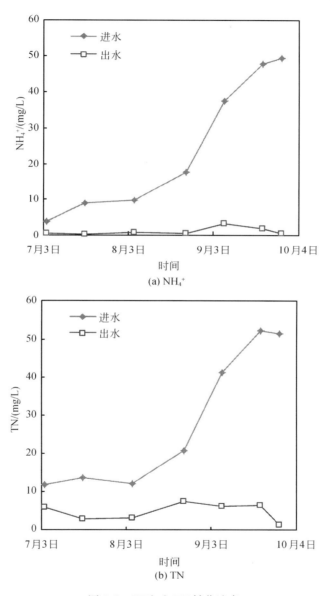

(a) NH_4^+

(b) TN

图 4-2　NH_4^+ 和 TN 转化速率

从9月7日、21日和28日三次平均值来看，多介质地下渗滤系统进水 NH_4^+ 浓度平均值 45.0mg/L，出水为 2.0mg/L；进水 TN 浓度为 48.4mg/L，出水为 4.6mg/L。NH_4^+ 净转化速率 179.2mg/（$m^2 \cdot h$），TN 净转化速率 182.5mg/（$m^2 \cdot h$）[图4-2（a），（b）]。

4.3.2 NO_3^- 和 NO_2^- 转化速率

从9月7日、21日和28日三次检测的平均值来看，多介质地下渗滤系统进水 NO_3^- 浓度平均值 3.2mg/L，出水 2.2mg/L；进水 NO_2^- 浓度平均值 0.22mg/L，出水 0.35mg/L。NO_3^- 净转化速率 4.2mg/（$m^2 \cdot h$），NO_2^- 净转化速率 −0.6mg/（$m^2 \cdot h$）[图4-3（a），（b）]。

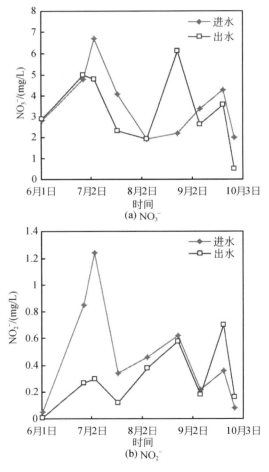

图 4-3 NO_3^- 和 NO_2^- 转化速率

4.4　氮转化基因空间演化

4.4.1　氮转化基因丰度

ANO 16S rRNA、*narG*、*nirK*、*qnorB*、*nas* 和 *nifH* 在多介质地下渗滤系统上升流区呈优势富集，其多度分别为 79.2%、53.8%、57.7%、83.7%、67.0% 和 100%。在上升流区，*nifH* 只分布在植物根际层（5.91×10^{7} copies/g），*qnorB* 的丰度沿水流方向递增，*nosZ* 和 *amoA* 的丰度沿水流方向递减，其他功能基因的丰度均沿水流方向先减后增，即布水层（60cm 层）和植物根际层（15cm 层）丰度均高于毛细管浸润层（40cm 层）[图 4-4（a）、（b）和图 4-5（a）、（b）]。

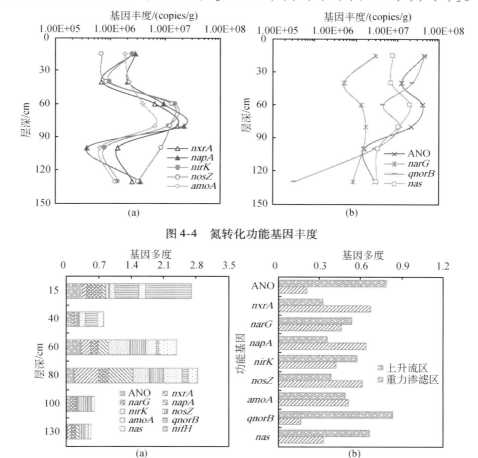

图 4-4　氮转化功能基因丰度

图 4-5　氮转化功能基因多度

ANO 在整个升流区都呈相对富集，*qnorB* 在毛细管浸润层和根际层呈相对富集，*nas* 在布水层（60cm 层）和毛细管浸润层（40cm 层）呈相对富集，*nifH* 只在根际层（15cm 层）呈相对富集，它们在升流区相对多度的平均值都在 0.10 以上（图 4-6）。此外，*nirK* 和 *amoA* 只在布水层（60cm 层）呈相对富集，它们在该层的相对多度大于 10%，而其他功能基因平均值的相对多度及其在升流区各层（15cm 层、40cm 层和 60cm 层）的相对多度均小于 10%（图 4-6）。

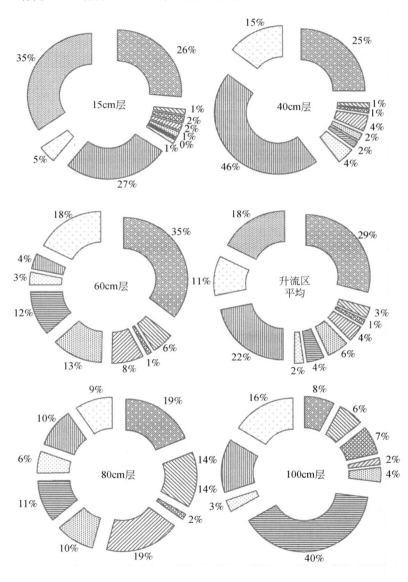

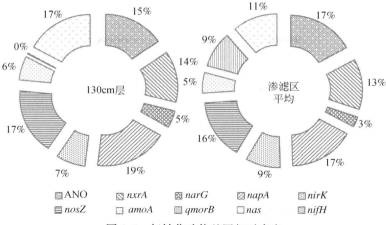

图 4-6　氮转化功能基因相对多度

nxrA、*napA*、*nosZ* 和 *amoA* 在地下渗滤系统重力渗滤区（80cm 层、100cm 层和 130cm 层）呈优势富集，其多度分别为 67.5%、64.3%、61.6% 和 51.2%。在重力渗滤区，*nosZ*、*qnorB* 和 *nas* 的丰度沿水流方向递减，其他功能基因的丰度均沿水流方向先减后增，即 80cm 层和 130cm 层丰度均高于 100cm 层 [图 4-4（a）、（b）和图 4-5（a）、（b）]。*nosZ* 和 *nas* 在整个渗滤区都呈相对富集，ANO、*nxrA*、*napA* 均在 80cm 层和 130cm 层相对富集，*qnorB* 在 80cm 层和 100cm 层相对富集，*nas* 在 100cm 层和 130cm 层相对富集，除 *qnorB* 外，这些功能基因在渗滤区平均值的相对多度都大于 10%（图 4-6）。

4.4.2　基因多样性指数

升流区 Margalef 丰富度指数平均值低于渗滤区，在升流区内沿水流方向先增后减，在渗滤区内沿水流方向递增。升流区 Simpson 优势度指数平均值显著高于渗滤区，在升流区和渗滤区内均沿水流方向先增后减。升流区 Simpson-Wiener 多样性指数和 Pielou 均匀度指数平均值均显著低于渗滤区，在升流区和渗滤区内，这些指数均沿水流方向先减后增（图 4-7）。

4.4.3　Pearson 秩相关系数

地下渗滤系统中，*amoA*-*nxrA*、*amoA*-*napA*、*nxrA*-*napA*、*amoA*-*nirK*、*amoA*-*nosZ*、*nirK*-*nosZ*、*nxrA*-*nosZ*、*napA*-*nosZ*、*nxrA*-*nirK* 和 *napA*-*nirK* 基因对彼此之间的 Pearson 秩相关系数都大于 0.60。ANO-*narG*、ANO-*qnorB* 和 *narG*-*qnorB* 基因对彼此之间的 Pearson 秩相关系数都大于 0.60。此外，ANO-*nas*、*nirK*-*nas*、*nosZ*-

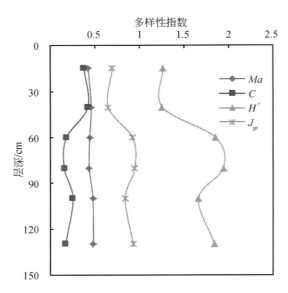

图 4-7　基因多样性指数沿层演化

nas、$amoA$-nas、$napA$-nas 和 $nxrA$-nas 的 Pearson 秩相关系数都大于 0.48（表 4-1）。

表 4-1　**Pearson 秩相关系数**（$P < 0.05$）

功能基因	ANO	$nxrA$	$narG$	$napA$	$nirK$	$nosZ$	$amoA$	$qnorB$	nas
ANO	1.000								
$nxrA$	0.228	1.000							
$narG$	0.649	0.188	1.000						
$napA$	0.245	0.994	0.123	1.000					
$nirK$	0.552	0.733	0.092	0.756	1.000				
$nosZ$	0.126	0.693	−0.020	0.672	0.833	1.000			
$amoA$	0.374	0.944	0.095	0.969	0.813	0.646	1.000		
$qnorB$	0.606	−0.164	0.647	−0.160	−0.240	−0.588	−0.054	1.000	
nas	0.713	0.442	0.078	0.486	0.914	0.633	0.627	−0.038	1.000

4.5　氮转化基因富集

4.5.1　稀有基因富集

基因的 Margalef 丰富度指数反映基因种类的丰富程度，丰富度指数越大，基因种类越多。Shannon-Wiener 多样性指数，反映功能基因和菌群丰富多彩的程度。Shannon-Wiener 指数来源于信息理论，它的计算模型表明，H' 值越大，某种基因占总基因和菌群 copy 数比例越大，它对稀有基因和菌群的灵敏度较高（Keylock，2005）。地下渗滤系统内，渗滤区的 Margalef 丰富度指数和 Shannon-Wiener 多样性指数平均值都高于升流区（图 4-7）。这就是说，相比于升流区，渗滤区更有利于稀有基因的相对富集，这些稀有基因主要是 amoA、nxrA、nirK、narG 和 napA。

amoA 基因编码的氨单加氧酶催化 NH_4^+ 氧化为羟氨的反应，常被视为好氧氨氧化的 Marker，好氧氨氧化菌的活性与 DO 和 NH_4^+ 相关，在一定范围内，DO 和 NH_4^+ 越大越有利于好氧氨氧化菌的生长和富集（Dionisi et al.，2002；Deutsch et al.，2007；Canfield et al.，2010）。在多介质地下渗滤系统中，不论是升流区，还是渗滤区，amoA 的丰度均沿水流方向递减（图 4-4）。这与地下渗滤系统中 DO 和 NH_4^+ 均沿水流方向递减（DO 从 2.4mg/L 降至 1.8mg/L，NH_4^+ 则由 45.0mg/L 降至 2.0mg/L）规律一致。

亚硝酸盐氧化酶编码基因 nxrA 是亚硝酸盐氧化菌（nitrite-oxidizing bacteria，NOB）将 NO_2^- 氧化为 NO_3^- 的关键基因，可作为亚硝酸盐氧化过程的 Marker（Poly et al.，2008；Jetten et al.，2008）。有研究指出，NOB 对氧的亲和力比好氧氨氧化菌低，DO 小于 3.0mg/L 时抑制亚硝酸盐氧化菌的生长。由此可见，多介质地下渗滤进出水 DO（2.4~1.8mg/L）都不利于 NOB 的生长。亚硝酸盐还原酶编码基因 nirK 是将 NO_2^- 转化为 NO 的关键基因，是反硝化过程区别于其他过程的 Marker（Braker et al.，2003）。有研究指出，反硝化过程的最佳 DO 为 1.0~1.5mg/L（Ruiz et al.，2003），显而易见，多介质地下渗滤系统进出水 DO 都不利于反硝化菌的生长与富集。

菌体的好氧生长和厌氧生长直接影响膜质硝酸盐还原酶（membrane-bound nitrate reductase，NAR）和周质硝酸盐还原酶（periplasmic nitrate reductase，NAP）的活性与富集（Bell et al.，1991）。在缺氧条件下，NAR 表达占主导地位，因此，编码 NAR 酶的关键基因 narG 常被作为 NO_3^- 厌氧转化为 NO_2^- 的 Marker（Lopez-Gutierrez et al.，2004）；在好氧条件下，NAP 的表达占主导地位（Galloway et al.，2008），因此，编码 NAP 酶的关键基因 napA 常被作为 NO_3^- 好氧转化为 NO_2^- 的 Marker（Bru et al.，2007）。有研究指出，环境样品中 napA 和 narG 的表达往往呈现相互抑制（Bell et al.，1990）。在多介质地下渗滤系统中，napA 和 narG 也呈现此消彼长的相互抑制（图 4-4 和图 4-5），相比于升流区，渗滤区更有利于 napA 的相对富集（图 4-4 和图 4-5）。napA 在地下渗滤系统中的演化规律，可能与地下渗滤系统进出水的 C/N 比有关。有研究指出，C/N 比小于 8

时，C/N 比越高越有利于好氧反硝化菌生长（Kim et al.，2008）。多介质地下渗滤系统进出水 C/N 比分别为 3.3 和 3.7，越接近出水口越有利于好氧反硝化菌的生长和富集。

4.5.2 优势基因富集

Simpson 优势度指数反映优势基因和菌群的状况，它是表示优势度集中在少数基因和菌群上的程度指标（Keylock，2005）。Simpson 优势度指数越大，基因和菌群分布越集中。升流区 Simpson 优势度指数显著高于渗滤区，且沿水流方向先增后减；升流区 Pielou 均匀度指数 J_{gi} 则显著低于渗滤区，且沿水流方向先减后增（图 4-7）。这就是说，相比于渗滤区，升流区更有利于优势基因和菌群的相对富集。地下渗滤系统中的优势基因主要是富集于升流区的 ANO、$qnorB$ 和 $nifH$，以及相对富集于渗滤区的 $nosZ$。

厌氧氨氧化菌能在缺氧条件下将 NH_4^+ 和 NO_2^- 转化为 N_2（Kartal et al.，2007；Stramma et al.，2008），其 16S rRNA 可作为厌氧氨氧化过程（anammox processes）的 Marker（Bae et al.，2010；Walker et al.，2010）。从相对多度来看，ANO 在布水层（60cm 层）的相对多度高于其他各层（图 4-6）。布水层（60cm 层）相对多度较高，可能与该层 NH_4^+ 浓度（45.0mg/L）显著低于厌氧氨氧化菌生长和活性抑制浓度（70mg/L）有关（Dapena-Mora et al.，2007）。

$qnorB$ 基因编码的 NO 还原酶将 NO 还原成 N_2O，可作为 NO 还原过程的 Marker（Fujiwara et al.，1996）。从多度和相对多度来看，$qnorB$ 在升流区呈优势富集和相对富集［图 4-5（a）、（b）和图 4-6］。有趣的是，尽管升流区 $qnorB$ 的丰度沿层递增，但是相对富集层既不是植物根际层（15cm 层），也不是布水层（60cm 层），而是位于两者之间的毛细管浸润层（40cm 层）。这可能与该区的微环境特性有关。首先，麦冬草的根系主要分布在距地面 14～26cm 的空间内，即 15cm 层的根际区内。有研究指出，植物根际区，死亡的根系和根的脱落物以及根系向根外分泌的无机物和有机物为微生物提供了重要的营养来源和能量来源（Dunbar et al.，2000）。其次，由于根系的穿插以及水分与养分的持续补给，根际的通气条件和水分状况优于根际区外（Dunbar et al.，2000；Ji et al.，2002a；2002b），这些都有利于 $qnorB$ 基因群落的生长和富集。然而，植物根际区形成的厌氧、好氧和缺氧条件的交替分布（Ji et al.，2002b），也为其他好氧和厌氧氮转化细菌提供了有利条件。此外，$nifH$ 只分布在根际区（15cm 层），这是因为 $nifH$ 是细菌固氮分子还原酶基因，由此类细菌形成的生物固氮系统，主要存在于植物根系外或根系内（Reddy et al.，2002；Rubio and Ludden，2002）。$nifH$ 在 15cm 层的相对多度高达 34.6%，这会显著影响 $qnorB$ 基因群落的相对富集。布

水层 *qnorB* 的相对多度和多度低于毛细管浸润层，可能是由于布水层（60cm 层）和毛细管浸润层（40cm 层）有不同的氮转化机理。布水层直接承接外部来水，有机物和营养盐的沉积以及长期处于淹水状态，为厌氧氨氧化菌、氨氧化菌和好氧反硝化菌的生长富集同时创造了良好的营养条件，不利于 *qnorB* 的相对富集（Fujiwara et al.，1996）；此外，*qnorB* 编码酶催化的反应以 NO 为底物，布水层（60cm 层）好氧反硝化菌释放的 NO 气体中间产物的越层迁移，也可能是 *qnorB* 在毛细管浸润层呈相对富集的原因之一。

　　nosZ 编码的 N_2O 还原酶，在好氧和厌氧条件下都能够表达，且活性不受 O_2 抑制（Bell et al.，1991）。从多度和相对多度来看，*nosZ* 在渗滤区呈优势富集和相对富集，相对富集层则为 100cm 层（图 4-6）。这是因为，*napA* 编码酶催化的好氧反硝化和 *qnorB* 编码酶催化的反硝化产物主要都是 N_2O，*nosZ* 编码酶催化的反应以 N_2O 为底物资源（Bell et al.，1990），即 *napA* 和 *qnorB* 各自编码酶催化的反应都有利于 *nosZ* 功能基因菌群的富集。在多介质地下渗滤系统中，*napA* 在 130cm 层呈相对富集，其编码酶催化的反硝化过程 N_2O 释放和逆水流迁移，显然有利于 100cm 层中 *nosZ* 的相对富集；此外，*qnorB* 在 100cm 层也相对富集，而 *qnorB* 基因编码的 NO 还原酶对 NO 具有很高亲和力，它优先将电子集中用于将 NO 还原成为 N_2O（Fujiwara et al.，1996），这也有利于同层内 *nosZ* 基因群落的相对富集。

4.6　氮转化基因功能群组

4.6.1　好氧功能群组

　　地下渗滤系统中，*amoA*-*nxrA*、*amoA*-*napA*、*nxrA*-*napA*、*amoA*-*nirK*、*amoA*-*nosZ*、*nirK*-*nosZ*、*nxrA*-*nosZ*、*napA*-*nosZ*、*nxrA*-*nirK* 和 *napA*-*nirK* 基因对彼此之间的 Pearson 秩相关系数都大于 0.60（表 4-1）。这就是说，*amoA*、*nxrA*、*napA*、*nirK* 和 *nosZ* 基因群落之间存在关联富集现象。深入分析发现，*amoA*、*nxrA*、*napA*、*nirK* 和 *nosZ* 基因都能够在好氧条件下编码，具有相似的生态环境适应性，而且彼此之间形成了较为完整的氮转化途径及底物供应链（图 4-8）。*amoA* 编码酶在好氧条件下催化 NH_4^+ 氧化为 NO_2^- 的反应，从而为 *nxrA* 编码酶在好氧条件下催化 NO_2^- 转化 NO_3^- 的硝化过程提供反应底物，NO_3^- 又是 *napA* 编码酶好氧反硝化生成 NO_2^- 的反应底物，而好氧反硝化菌将 NO_2^- 转化为 NO 的过程需要 *nirK* 基因编码酶的催化。有研究发现，好氧反硝化细菌在微好氧条件下主要转化为 N_2O、N_2 和少量 NO（Takaya et al.，2003），反硝化活性越高，N_2O 累计和释放量越大（Wang et al.，2007）。本研究中，整个地下渗滤系统都处于微好氧（DO 1.8~2.4mg/L）条件下，有利于 N_2O 的产生和释放。而 *nosZ* 编码的 N_2O 还原酶，在好氧条件下能够表达，且活性不受 O_2 抑制（Bell et al.，1991）。也就是说，地下渗滤系统中好氧反硝化过程也能够为转化 N_2O 的 *nosZ* 功能基因群落提供反应底物资源，这就使 *napA* 和 *nosZ* 基因群落也能够共同富集。地下渗滤系统中，*amoA*、*nxrA*、*napA*、*nirK* 和 *nosZ* 基因群落的关联富集，为地下渗滤系统好氧氨氧化、硝化、好氧反硝化和 *nosZ* 编码酶催化的 N_2O 还原为 N_2 的多种途径在分子水平的耦联协作提供了直接证据。这种多种氮转化途径的耦联协作机制，不仅有利于地下渗滤系统在好氧条件下脱出 NH_4^+ 和 TN，也有利于控制温室气体 N_2O 的排放。

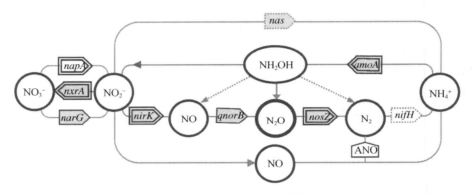

图 4-8　氮转化基因生态联结群组

4.6.2　厌氧功能群组

ANO-*narG*、ANO-*qnorB* 和 *narG*-*qnorB* 基因对彼此之间的 Pearson 秩相关系数都大于 0.60。这就是说，ANO、*narG* 和 *qnorB* 之间存在关联富集现象。深入分析发现，ANO、*narG* 和 *qnorB* 基因群落能够在厌氧条件下生长富集，具有相似的生态环境适应性，而且彼此之间形成了较为完整的氮素转化途径及底物供应链（图 4-8）。*narG* 基因编码酶在厌氧条件下催化 NO_3^- 的转化为 NO_2^- 的反应，从而为 ANO 反应提供底物资源 NO_2^-（Canfield et al.，2010）；ANO 在缺氧条件下将 NH_4^+ 和 NO_2^- 转化为 N_2 的过程中，NO_2^- 转化为 NO 是厌氧氨氧化的关键途径（Kartal et al.，2007；Stramma et al.，2008）；而 *qnorB* 基因编码的 NO 还原酶对 NO 具有很高亲和力，优先将电子集用于 NO 还原成为 N_2O，使 NO 浓度维持在极低的水平，避免 NO 对 ANO 等微生物菌群的毒性影响（Fujiwara et al.，1996）。地下渗滤系统中 ANO、*narG* 和 *qnorB* 的关联富集，为地下渗滤系统厌氧反硝化、厌氧氨氧化和 *qnorB* 编码酶催化的 NO 还原为 N_2O 多种途径在分子水平的耦联协作提供了直接证据。这种多种氮转化途径的耦联协作机制，有利于地下渗滤系统在厌氧条件下脱出 NH_4^+ 和 TN，但不利于控制温室气体 N_2O 的排放。

4.6.3　生态联结群组

ANO-*nas*、*nirK-nas*、*nosZ-nas*、*amoA-nas*、*napA-nas* 和 *nxrA-nas* 的 Pearson 秩相关系数都大于 0.48，即 *nas* 与 ANO 以及 *nas* 与 *nirK*、*nosZ*、*amoA*、*napA* 和 *nxrA* 生态群组之间也存在关联富集现象。其中，异化性硝酸盐还原酶基因 *nas* 编码酶催化的 NO_3^- 经由 NO_2^- 转化为 NH_4^+（Cabello et al.，2004），该过程既可为以 ANO 为起点的氮转化过程提供反应底物 NH_4^+，同时也可为以 *amoA* 编码酶催化的氮转化过程为起点的氮转化过程提供反应底物 NH_4^+。这个过程有利于 NO_3^- 的转化，但是不利于 NH_4^+ 和 TN 去除（Cabello et al.，2004）。

4.7　氮转化关键途径

4.7.1　升流区氮转化途径

以多介质地下渗滤系统中氮转化功能基因相对多度的平均数（10%）为限值，界定地下渗滤中氮转化的关键反应途径和限速反应途径，将相对多度≥10% 界定为关键反应途径，A < 10% 界定为限速反应途径（图4-6）。依据这一界定限值，不难发现，多介质地下渗滤系统升流区氮素沿水流方向转化的关键途径依次如下。布水层（60cm 层）：厌氧氨氧化、*nirK* 基因编码酶催化的 NO_2^- 还原为 NO、*nosZ* 基因编码酶催化的 N_2O 还原为 N_2、*nas* 编码酶催化的 NO_3^- 经由 NO_2^- 还原为 NH_4^+ 的耦联作用；毛细管浸润层（40cm 层）：厌氧氨氧化、*qnorB* 基因编码酶催化的 NO 厌氧还原为 N_2O、*nas* 编码酶催化的 NO_3^- 经由 NO_2^- 还原为 NH_4^+ 的耦联作用；根际层（15cm 层）：厌氧氨氧化、*qnorB* 基因编码酶催化的 NO 厌氧还原为 N_2O 的耦联作用。整个升流区（15 ~ 60cm 层）：氮转化的关键反应途径为厌氧氨氧化、*qnorB* 基因编码酶催化的 NO 厌氧还原为 N_2O、*nas* 编码酶催化的 NO_3^- 经由 NO_2^- 还原为 NH_4^+、*nifH* 编码酶催化的 N_2 转化为 NH_4^+ 的固氮作用。由此可见，升流区脱出 NH_4^+、NO_3^- 和 NO_2^- 的关键机制为厌氧氨氧化与 *qnorB* 基因编码酶催化的 NO 还原为 N_2O 过程的耦联协作，该机制有利于地下渗滤系统脱出 NH_4^+ 和 TN，但不利于控制 N_2O 温室气体排放。

4.7.2　渗滤区氮转化途径

多介质地下渗滤系统渗滤区氮素沿水流方向转化的关键途径依次如下。80cm 层：厌氧氨氧化与 *qnorB* 基因编码酶催化的 NO 厌氧还原为 N_2O 的耦联作用以及 *nxrA* 基因编码酶催化的 NO_2^- 氧化为 NO_3^-、*napA* 基因编码酶催化的 NO_2^- 的好氧反硝化、*nirK* 编码酶催化的 NO_2^- 还原为 NO 和 *nosZ* 基因编码酶催化的 N_2O 还原为 N_2 的耦联作用；100cm 层：*qnorB* 基因编码酶催化的 NO 厌氧还原为 N_2O、*nosZ* 编码酶催化的 N_2O 还原为 N_2 和 *nas* 编码酶催化的 NO_3^- 经由 NO_2^- 还原为 NH_4^+ 的耦联作用；130cm 层：厌氧氨氧化作用以及 *nxrA* 基因编码酶催化的 NO_2^- 氧化为 NO_3^-、*napA* 基因编码酶催化的 NO_2^- 的好氧反硝化、*nosZ* 基因编码酶催化的 N_2O 还原为 N_2 和 *nas* 编码酶催化 NO_3^- 经由 NO_2^- 还原为 NH_4^+ 的耦联作用。整个渗滤区（80~130cm 层），氮转化的关键反应途径为厌氧氨氧化，以及 *nxrA* 基因编码酶催化的 NO_2^- 氧化为 NO_3^-、*napA* 基因编码酶催化的 NO_2^- 的好氧反硝化、*nosZ* 基因编码酶催化的 N_2O 还原为 N_2 和 *nas* 编码酶催化的 NO_3^- 经由 NO_2^- 还原为 NH_4^+ 的耦联作用。由此可见，渗滤区脱出 NH_4^+、NO_3^- 和 NO_2^- 的关键机制为厌氧氨氧化、硝化、好氧反硝化与 *nosZ* 基因编码酶催化的 N_2O 还原为 N_2 过程的耦联协作，该机制既有利于多介质地下渗滤系统脱出 NH_4^+ 和 TN，也有利于控制地下渗滤系统中温室气体 N_2O 的排放。

第5章　垂直流层叠人工湿地

5.1　概　　述

　　湿地是由水、永久性或间歇性处于饱和状态的基质以及水生生物所组成的，是具有较高生产力和较大活性的生态系统。国际《湿地公约》规定，湿地是指不问其自然或人工、长久或暂时的沼泽地、湿原、泥炭地或水域地带；或静止或流动，性质为淡水、半咸水或咸水的水体，包括低潮时水深不超过 6m 的水域（Ji et al.，2002b）。人工湿地（constructed wetland）一词最早是由澳大利亚的 Mackney 于 1904 年提出的，是指人工建造和监督控制的、工程化的沼泽地（Ji et al.，2004）。真正意义上采用人工湿地净化污水始于 1953 年德国的 Max Planck 研究所，该研究所的 Seidel 博士在研究中发现，芦苇能去除大量有机和无机污染物。20 世纪 60 年代末，Seidel 与 Kickuth 合作并由 Kickuth 于 1972 年提出了根区法人工湿地污水生态处理技术，该技术由填料、生长在其上的水生植物和附着或悬浮在二者上的微生物组成，是一个独具特色的基质－植物－微生物生态系统（USEPA，1993）。根区理论的提出，掀起了人工湿地研究与应用的"热潮"，标志着人工湿地作为一种污水处理技术开始受到关注。自 20 世纪 80 年代以来，每年都有关于人工湿地污水处理技术的国际会议召开，其中，1996 年在奥地利维也纳召开的第五次"人工湿地与水污染控制"国际研讨会，为这一技术的推广和发展创造了崭新的契机，标志着这种独具特色的新型污水处理技术正式进入水污染控制领域。20 世纪 90 年代中期以来，在拓宽人工湿地应用范围的同时，世界各国对制约人工湿地新技术设计和推广应用的关键——独特而复杂的作用机制的研究也随之深入。

5.1.1　人工湿地主要类型

　　根据湿地中的主要植物类群，人工湿地可分为挺水植物系统、浮生植物系统、沉水植物系统。沉水植物系统目前还处于实验研究阶段，浮水植物系统主要用于稳定塘的除磷脱氮。目前，一般所说的人工湿地系统是指挺水植物系统。国内外学者对挺水植物人工湿地系统的分类多种多样（Brown，1994；Green，1994；

Mandi，1998；Cooper，1999；Sun，1999；Philippi，1999；Maschinski，1999）。从工程设计的角度出发，按照系统布水方式的不同或水在系统中流动方式的不同一般可将挺水植物人工湿地系统分为表面流人工湿地、水平流人工湿地和垂直流人工湿地。不同类型人工湿地对特征污染物的去除效果不同，具有各自的优缺点。

1. 表面流人工湿地

表面流人工湿地（surface flow constructed wetland，SFCW）和自然湿地类似，废水从湿地表面流过。但是，表面流人工湿地是人工设计、监督管理的湿地系统，去污效果优于自然湿地系统。这种类型的人工湿地具有投资少、操作简单、运行费用低等优点，但占地面积较大，水力负荷率较小，去污能力有限。表面流人工湿地中氧的来源主要靠水体表面扩散、植物根系的传输和植物的光合作用，但传输能力十分有限。这种类型的湿地系统的运行受气候影响较大，夏季有滋生蚊蝇的现象。

2. 水平潜流人工湿地

水平潜流人工湿地（subsurface flow wetland，SFW）因污水从一端水平流过填料床而得名。它由一个或多个填料床组成，床体填充基质，床底设有防渗层，防止污染地下水。与表面流人工湿地相比，水平潜流人工湿地的水力负荷和污染负荷大，对 BOD、COD、SS、重金属等污染指标的去除效果好，且很少有恶臭和滋生蚊蝇现象。目前，水平潜流人工湿地已被美国、日本、澳大利亚、德国、瑞典、英国、荷兰和挪威等国家广泛使用。这种人工湿地的缺点是控制相对复杂，除磷脱氮的效果不如垂直流人工湿地。

3. 垂直流人工湿地

垂直流人工湿地（vertical flow wetland，VFW）处理污水时，污水从湿地表面纵向流向填料床的底部，床体处于不饱和或饱和状态，氧可通过大气扩散和植物传输进入垂直流人工湿地系统。合理控制的垂直流人工湿地的硝化和反硝化能力高于水平潜流人工湿地，可用于处理氨氮含量较高的污水。其缺点是对有机物的去除能力不如水平潜流人工湿地系统，落干/淹水时间较难控制，管理相对复杂，夏季有滋生蚊蝇的现象。

5.1.2 人工湿地作用机制

1. 基质的作用

人工湿地中的基质又称填料、滤料，由土壤、细沙、粗砂、砾石、沸石、碎瓦片或灰渣等构成。基质在为植物和微生物提供生长介质的同时，也能够通过沉淀、过滤和吸附等作用直接去除污染物。自由表面流人工湿地多以自然土壤为基质，水平潜流人工湿地和垂直流人工湿地基质的选择因特征污染物的不同而不同，同时也会考虑便于取材、经济适用等因素。一般来说，水平潜流人工湿地和垂直流人工湿地以 SS、COD 和 BOD 为去除目标时，根据水力停留时间、占地面积和出水水质等限制因素，可以选用土壤、细沙、粗砂、砾石、碎瓦片或灰渣中的一种或几种为基质。以除磷为目的的人工湿地最好选择飞灰或页岩为基质，其次是铝矾土、石灰石和膨润土，泡沸石和油页岩一般不能作为除磷的基质（Drizo，1999）。

2. 大型植物的作用

人工湿地中的大型植物，像其他所有光合自氧的有机体一样，利用太阳能从空气中吸收无机物合成有机物，为异养生物提供能量。如果湿地有充足的光源、水和营养供给，湿地生态系统中大型植物将占主导地位，它不仅有惊人的繁殖速率，同时还具有很高的分解和转化有机物及其他物质的能力。大型植物在湿地介质中的重要作用，使它成为人工湿地不可缺少的组成部分（Brix，1994；Green-way，1997；Ji et al.，2004）。

大型湿地植物使湿地床表面更加稳固，并提供了良好的物理过滤条件，它使垂直流通系统不受阻碍，防止冬季湿地表面冻结并为微生物生长提供了巨大的表面支撑。湿地植物的新陈代谢对处理系统的影响取决于人工湿地的类型，植物对营养物质的吸收仅在负荷率较低的自由表面流人工湿地系统中起重要作用。大型植物通过光合作用和根系的渗透作用将氧传输到根圈介质，增强了有机物的好氧分解和氨态氮的硝化作用。此外，大型植物对废水处理系统的美学方面还有特殊的价值。概括起来，大型植物的主要作用有如下几点（表5-1）。

表 5-1　大型植物在人工湿地中的作用

水上部分	水中部分	基质中的根和茎
光合作用	过滤作用	稳固基质表面
抑制浮游植物生长	吸收养分	防止阻塞
形成小气候	吸附污染物	释放氧
冬季保温	减小水流速率	形成铁氧化膜
减小风速	提供生物膜的支撑面	微生物固定化载体
存储养分	冬季支撑冰面	吸收营养物质
景观美化	释放氧	产生抗生素等

（1）增强基质传导功能。根和茎的生长可以疏松基质。在垂直流人工湿地中，活着（或死去）的根茎产生的通道所形成的巨大表面，增强了水在湿地床

中的传导速率。此外，当根和茎死亡并分解后，它们留下的大孔隙，也可促进基质对液体的传导速率。有研究表明，以土壤为基质的人工湿地运行 3 年后，基质对液体的传导速率一般为 10 m/s。但是，在澳大利亚、丹麦和乌克兰学者所做的实验中，基质对液体的传导速率都小于 10m/s。

（2）微生物附着及强化作用。大型植物的根、茎和叶淹没在水中，为生物膜提供了巨大的附着表面。根、茎埋于湿地基质中，形成了供微生物生长的培养基。这些生物膜与其他浸没于湿地系统中的固体表面膜一样，为微生物提供了良好的生存环境。生长在植物、微生物共生系统中的大型植物是微生物的"固定化载体"，很多微生物都能够附着在植物体上，进而对微生物净化起强化作用。它不仅能够为微生物提供碳源和能源，根周围的渗出液还能够提高微生物的降解活性。大型植物根区环境中具有明显的厌氧、缺氧和好氧微生物降解功能区。在好氧菌较多的根系周围，大部分污染物能够被降解，一些水溶性较差的难降解有机污染物需要经过厌氧、缺氧和好氧的复合作用才能被降解。

（3）吸收营养物作用。大型植物需要吸收营养物质，以便生长、繁殖。大型植物吸收营养物质的能力随着生物量的增加而变化，一般每年每公顷湿地的吸收能力为 30～350kg。但是，大型植物吸收的营养物质的数量与水中营养物质的数量相比是微不足道的。

（4）输氧放氧作用。湿地通过光合作用产生的氧，能够通过植物的运输组织和根系的输送作用向根圈释放，这是大型植物输氧的重要途径。植物根系的这种输氧作用使得根系周围形成了一个好氧区域，其中，根圈周围形成的好氧生物膜对氧的利用使离根系较远的区域呈现出缺氧状态，而在离根系更远的区域则呈现出完全的厌氧状态，这些溶解氧含量不同的区域在湿地基质中的存在有利于大分子有机物和氮、磷的去除。1964 年，Armstrong 等开始关注植物叶茎对氧的传输作用。20 世纪 80 年代，Lawson 首次对单位长度芦苇根释放氧气的情况进行了定量描述，指出芦苇根的放氧率为 4.3 g/(m·d)。此后，Moorheah、Perdomo 和 Giovannini 等在不同季节和不同条件下也先后研究了大型植物根部释放氧气的情况，得出了大型植物对氧的释放率通常在根尖最高，并随着与根尖距离的增加而减少，老根和根基几乎不释放氧气的相同结论。但是，这些学者测定的根部放氧率存在较大差异，分别为 0.02 g/(m·d)、1～2 g/(m·d) 和 5～121 g/(m·d) 不等（Perdomo, 1999；Giovannini, 1999），除氧气之外，根部也可释放其他物质。在较早的研究中，德国 Max Planck 研究所的 Seidel 博士就证实了大型植物能够从其根部释放抗生素。有机碳从根部渗出，并作为反硝化作用碳源也已经得到证实（Michael, 2000）。

3. 微生物的作用

微生物是人工湿地净化废水的主要作用者，它们把有机质作为丰富的能源转化为营养物质和能量。人工湿地在处理污水之前，各类微生物的数量与自然湿地基本相同。但是，随着污水的不断引入，某些微生物的数量将逐渐增加，并在一定时间内达到最大值而趋于稳定。在芦苇的根茎上，好氧微生物占绝对优势，而在芦苇根系区则既存在好氧微生物的活动也有兼性微生物的活动，远离根系的区域厌氧微生物比较活跃（Gulley，1992）。

人工湿地中的优势细菌主要有假单胞杆菌属、产碱杆菌属和黄杆菌属，放线菌中的优势菌属是链霉菌，真菌和酵母菌在人工湿地中的分布数量虽然较细菌和放线菌少，但是种类非常丰富。湿地介质中分布的优势菌属大多是快速生长的微生物，其体内大多含有降解质粒，是分解有机污染物的主要微生物。人工湿地系统中的微生物主要去除污水中的有机质和氮，某些难降解的有机物质和有毒物质需要运用微生物的诱发变异特性，培育驯化适宜降解这些有机物质和有毒物质的优势菌才能被微生物所利用（Gulley，1992；Todd，1998）。

5.1.3　人工湿地去污机理

1. 有机物的去除机理

人工湿地对有机污染物具有较强的去除能力。不溶性有机物通过在湿地基质中的沉积、过滤作用可以很快地被截留进而被分解或利用，可溶性有机物则通过植物根系生物膜的吸附、吸收及厌氧好氧生物代谢降解过程而被分解去除（Comin，1997）。

2. 氮的去除机理

氮在污水中主要以有机氮和 NH_4^+ 两种形态存在，进入人工湿地系统的有机氮在微生物的作用下比较容易转化为 NH_4^+，NH_4^+ 能够引起地表水体的富营养化，对动植物都有毒害作用，是需要有效去除的重要污染指标（Badkoubi，1998）。人工湿地去除 NH_4^+ 的机理是通过硝化反应先将 NH_4^+ 氧化成 NO_3^-，再通过反硝化反应将 NO_3^- 还原成 N_2 而从水中逸出。硝化反应在好氧环境下由自养型好氧微生物完成，它包括 3 个步骤：第一步由亚硝酸菌将 NH_4^+ 转化为 NO_2^-；第二步则由硝酸菌将 NO_2^- 进一步氧化为 NO_3^-；第三步由反硝化菌在无氧而有 NO_3^- 存在的条件下，利用 NO_3^- 中的氧进行呼吸，氧化分解有机物，将 NO_3^- 还原为 N_2 或 N_2O（Comin，1997；Shutes，1997）。

目前用于除氮的人工湿地主要有水平潜流和垂直流两种类型，这两种湿地对氮的去除能力差异较大。水平潜流湿地的基质有很好的通气性，硝化作用易于进行，很容易实现 NH_4^+ 向 NO_3^-（或 NO_2^-）的转化，但是 NO_3^- 却很难进一步转化

为 N_2 或 N_2O，因此，这种类型的湿地对 TN 的去除效果较差（Platzer，1997；Green，1998）。垂直流人工湿地的通气性较差，硝化作用不如水平潜流人工湿地那样容易，但是采用间歇布水、干湿交替方式运行的垂直流人工湿地，能够实现厌氧和好氧微生物在基质中的交替分布，使硝化与反硝化都能够很好地进行，可以同时去除污水中的有机氮、NH_4^+ 和 NO_3^-（Felde，1997；Mckinlay，1999）。

3. 磷的去除机理

磷在人工湿地系统中的去除主要有：①微生物正常的同化或植物的吸收作用；②聚磷菌的过量摄磷作用；③基质的物理化学作用。其中，最主要的是基质对磷的吸附作用及其纳磷容量，而植物吸收对有机磷的去除效率影响不大，但无机磷以植物的吸收作用为主，这与芦苇等大型植物长期生长对无机磷的需求密切相关。

5.2　垂直流层叠人工湿地设计

5.2.1　湿地设计

垂直流层叠人工湿地设计参数如下：长宽比 $L:M=3:1$，基质层深 $H=0.60\text{m}$，水位由阀门控制。垂直流层叠人工湿地基质层共分为 3 层，由下至上依次叠放，分别为 0～15cm 层填充直径 3～5mm 砾石；15～40cm 层填充直径 5～20 mm 的颗粒活性炭和灰渣混合填料；40～60cm 层填充直径 20～50mm 的砾石（图 5-1）。

图 5-1　垂直流层叠人工湿地

5.2.2　湿地启动

1. 植物栽培

目前，用于人工湿地处理系统的植物主要有挺水植物、浮水植物和沉水植物。由于各种植物的生长条件、生理生态等存在很大差异，在人工湿地系统中的作用也有明显的不同。目前，在世界范围内应用最为广泛的当数挺水植物中的芦苇。芦苇对生存环境的要求不是很严格，并以其抗盐碱、耐污以及不进入食物链等优点确立了在人工湿地系统中作为优势植物的地位。鉴于此，这里以芦苇为例阐述人工湿地大中型植物的栽培。

芦苇的引种和栽培是人工湿地构建最基本的工作之一，常用的方法有播种、苗栽和根茎移栽法。对大面积的处理系统用播种的方法较为实际，但此法投入运转的时间较长，一般需 2～3 年。对规模较小的人工湿地，一般多采用苗栽或根茎移栽的方法，使用这两种方法栽培芦苇当年即可投入使用。为了使湿地能够尽快投入使用，实际工程中多以根茎移栽法栽培芦苇。

在我国北方，根茎移栽芦苇的适宜时间是 3 月上旬至 4 月上旬，此时，环境温度逐渐上升并接近 10℃，芦苇已基本度过休眠期，随温度升高能很快返青生长。此时，将取自辽河三角洲湿地的多年生普通芦苇中的生长茂盛、具有粗大苇芽的地下茎剪至长 20～30cm。采用单株插植的方法，以 10cm×10cm 的间距插入 30cm 深的垂直流层叠人工湿地的基质中，然后引入少量水，以保持一定湿度。

2. 湿地启动

芦苇移栽结束后即进入垂直流层叠人工湿地启动阶段。4 月中旬，垂直流层叠人工湿地开始进入清水启动期，在此后两周内，人工湿地连续布水，布水量以地表不积水为宜，以确保湿地介质的通气性。4 月下旬，清水启动期结束，进入为期 1 周的落干期。此时，垂直流层叠人工湿地停止进水，湿地基质的通气性增强，新生苇芽发育较快。当新生苇芽长至 30～40cm 时，为了使芦苇湿地快速启动，可在人工湿地表面施入一定量的有机肥料，进行微生物接种并为芦苇的驯化期提供营养，同时浇灌污水进行驯化培养。一般情况下，垂直流人工湿地的启动驯化需要 2～6 个月（图5-2）。

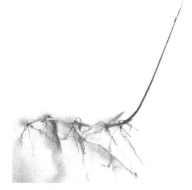

图5-2　启动驯化结束时芦苇的根茎

5.3 限制性水力负荷

5.3.1 同化容量计算模型

Overcash 等（Sun et al.，1997）将污染物的同化容量分为 3 种类型。①在系统中易降解或易被植物吸收的化合物，如矿物油、自然源有机物等。其同化容量与其在基质中的转化和植物吸收速率直接相关。对其同化容量的确定必须了解以下 3 方面的资料：污染物在基质（填料）环境中的迁移状况及速率，以便求得在不同布水时间内，污染物在基质中的存在浓度及渗滤所及深度；污染物单一作用条件下，对系统采用的植物类型造成危害的阈值；污染物在土壤中的迁移及降解速率。②在垂直流湿地系统中迁移性较差，在环境中不易降解，但允许在基质中累积至一定极限浓度的污染物，如盐和重金属等。确定系统对此类污染物的同化容量必须了解污染物对植物及食物链次级生物造成不良反应的浓度阈值。③对于那些在基质中易迁移而又不易降解的污染物，可以容许它们在一定区域范围内存在或累积，但必须保证受纳介质原有的使用功能不受任何破坏。确立其同化容量必须了解该污染物在基质中的迁移状态及速率以及受纳介质所容许的极限浓度。

1. 水同化容量

降雨、径流及废水中的水分进入基质 – 植物 – 微生物复合系统后，主要有以下几个同化途径：①水分蒸发损失；②植物吸收，一方面作为构建有机体必需的材料，另一方面主要用于蒸腾作用以保证植物体不受日照灼伤；③淋溶及渗滤过程（无防渗系统），包括横向迁移至地表水及纵向迁移至地下水两种类型。对湿地系统水同化容量的确立也必须基于以上 3 个方面，其中植物吸收的水分大部分通过蒸腾过程散发至大气中，仅有很小一部分被作物同化利用，这一部分在植物总需水量中所占比例约为 1%。而水分通过蒸腾过程的损失量则可与基质水分蒸发量合并为基质水分蒸腾蒸发损失量（ET）。对于无防渗系统，淋溶及渗滤过程必须保证有足够的水量将外源盐分淋洗出根际区域，以保证植物根系不受过高盐分的危害作用。但是，淋洗量也不能过大，否则也会引起对作物生长的不良作用，并对地下水水质造成威胁。对于淋洗及渗滤过程需水量，一般采用淋洗盐分所必需的最小淋滤量占基质净蒸发损失量（ET – Pr）的份数（LR）来表示。综合水分蒸腾蒸发过程及淋溶渗滤过程，可以得到如下关系式：

$$M = 1.0101(ET - Pr)(1 + LR) \tag{5-1}$$

式中，Pr 为垂直流湿地处理系统所在区域降水率（cm/a），ET 和 Pr 值可以通过实际观测、气象资料等途径获得。

2. 氮同化容量

氮同化容量的确立主要通过植物对 N 的吸收量和微生物对 N 的转化量来计算。Carhle 等（Sun et al.，1997）认为通过固定和反硝化作用损失的 N 一般为植物吸收的 50%，因此，以往对 N 同化容量的计算一般以植物吸收氮量的 1.5 倍计算，但是 N 挥发损失量可能因布水方式和气候条件而异，因此在实际应用中应进行校正。

$$\frac{T_{NH_3-N_t}}{T_{NH_3-N_0}} = \exp(-Kt) \tag{5-2}$$

挥发损失量则为

$$\Delta T = T_{NH_3-N_0} - T_{NH_3-N_0} = T_{NH_3-N_0}[1 - \exp(-Kt)] \tag{5-3}$$

式中，$T_{NH_3-N_t}$ 为 t 时间基质中 NH_3-N 总量；$T_{NH_3-N_0}$ 为初始布水时；NH_3-N 的总量；K 为挥发速率常数；t 为时间。

K 是一个与温度、土壤阳离子交换容量（CEC）有关的常数，Reddy 等（Sun et al.，1997）估计 K 为 0.4/d。根据场地及气候条件的不同可以用 1、2 作修正：

$$K_2 = K_1(F_{CEC_2}/F_{CEC_1}) \tag{5-4}$$

$$F_{CEC} = 1.00 - 0.038CEC \tag{5-5}$$

$$K_2 = K_1\theta^{T_2-T_1} \tag{5-6}$$

式中，θ 约为 1.08（Sun et al.，1997）。

3. 磷同化容量

磷在垂直流人工湿地系统中的同化作用主要有植物吸收、有机磷矿化固定、无机磷的吸附与沉积等。一般认为植物吸收是系统对磷的重要去除过程，有机磷的矿化与固定是由微生物新陈代谢过程完成的，是基质中磷形态的相互转化，以这种方式从废水中去除的磷，在微生物死亡后又会重新面临一次净化过程。无机磷的吸附与沉积几乎是一个不可逆的过程，通过这一过程可以去除大量无机磷。其去除量可以通过 Langmuir 和 Frenndlich 吸附等温线来推测，其方程如下：

$$C/S = C/S_{max} + (1 + KS_{max}) \tag{5-7}$$

式中，C 为磷在水相中的平衡浓度（$\mu g/mL$）；S 为磷在基质上的吸附量（$\mu g/g$）；S_{max} 为磷在基质上的饱和吸附量（$\mu g/g$）；K 为吸附常数。

于是，磷在垂直流人工湿地基质中的同化容量（M）应为植物吸收量（A）与基质吸附量（S）之和，即

$$M = A + S \tag{5-8}$$

4. 有机物同化容量

垂直流人工湿地系统必须保持很好的好氧环境，才能保证小分子有机物的矿化作用、硝化作用等过程的进行，植物生长也需要保持根际的好氧环境以维持根系正常生长。不同植物对缺氧条件的耐受程度不同，因而在选择湿地处理系统植被类型时也要对这一限制因素加以考察。水田作物无疑较旱田作物更能耐受较低浓度的缺氧条件。据报道，基质中氧气浓度低于 140 mg/kg 时，将会对植物生长产生不良的影响。另外，厌氧环境（多为水饱和状态）会导致基质形成黏泥而堵塞孔隙，降低基质渗透性，导致湿地淹水期过长，进一步加剧厌氧环境，引起厌氧—淹水—深度厌氧恶性循环，因此，在垂直流湿地系统中必须保持一定水平的好氧环境。

垂直流人工湿地系统中的氧气主要来自于 3 个过程：①植物呼吸作用在根区释放的氧；②基质 – 大气界面以及水 – 大气界面之间的扩散作用；③水中携带的氧。好氧过程主要发生于有机物的矿化作用，这类物质在进入垂直流人工湿地系统后，部分可以进入基质而被微生物降解，另一部分则累积于基质表面，经风吹及小气候因素吹干后形成一个有机物质壳。在下一次布水或降水到来时进入基质表层而迅速被降解。在表面布水情况下，这种降解过程一般仅限于基质表层，因此，基质表层复氧速度是限制降解速率的重要因素。

BOD_5 的去除正是通过基质表层的降解作用完成的，其氧气源于复氧作用和废水中携带的氧气。McMichael 等（Sun et al. , 1997）提出了一个基质表层氧扩散作用模型：

$$N_{O_2} = 2(C_{O_2} - C_p)\left[\frac{DT}{\pi}\right]^{\frac{1}{2}} \tag{5-9}$$

式中，N_{O_2} 为通过基质表层的氧气通量（M/L^2）；C_{O_2} 为基质 – 大气界面处气相中 O_2 的浓度；C_p 为在不会对植物生长有影响的条件下界面处的 O_2 浓度；T 为温度；D 为有效扩散系数。Van Bavel（Sun et al. , 1997）提出：

$$D = 0.6(S)(D_{O_2}) \tag{5-10}$$

式中，S 为湿地基质气体容量；D_{O_2} 为空气中氧气扩散系数（$1.6\ m^2/d$）。

设废水中携带的氧量为 O_ω，则在单位时间及空间内 O_2 总量为

$$O_t = O_\omega \cdot Q + N_{O_2} \cdot \rho_o = O_\omega \cdot Q + 2(C_{O_2} - C_p)\left[\frac{DT}{\pi}\right]^{\frac{1}{2}} \cdot \rho_o \tag{5-11}$$

则 BOD_5 和 COD 同化容量应为

$$M = \left[O_t - C_p - 4.56TKN\right] \cdot \frac{BOD_5}{COD} \tag{5-12}$$

式中，4.56 TKN 为用于硝化作用所消耗的氧量，TKN 为总凯氏氮浓度（mg/L）。

将式（5-11）代入式（5-12），得

$$M = \left[O_\omega \cdot Q + 2(C_{O_2} - C_p) \left(\frac{DT}{\pi} \right)^{\frac{1}{2}} \cdot \rho_o - C_p - 4.56 \text{TKN} \right] \cdot \frac{\text{BOD}_5}{\text{COD}} \quad (5\text{-}13)$$

式中，Q 为水流量；ρ_o 为氧气密度。

5.3.2　限制性水力负荷计算模型

水中的各种污染物都有可能成为人工湿地系统水力负荷的限制因素，因此，需在水力负荷率设计中予以考虑。基于人工湿地系统污染物削减负荷率的水力负荷取决于该污染物在污水中的浓度、人工湿地对该污染物的去除能力和设计需要达到的环境目标。在稠油废水中，盐、悬浮物、矿物油、氮、磷以及 COD 和 BOD$_5$ 等都是在实际工程设计中通常要考虑的限制因子（Sun et al.，1997）。综合考虑水处理目标需求、系统运行寿命等因素，基于人工湿地系统污染物削减负荷率的水力负荷可由式（5-15）计算。

$$M = \frac{Q(S_0 - S_e)}{A} \quad (5\text{-}14)$$

令 $L_{W(p)} = \dfrac{100Q}{A}$，则有

$$L_{W(p)} = \frac{100Q}{S_0 - S_e} \quad (5\text{-}15)$$

式中，$L_{W(p)}$——基于污染物削减负荷的水力负荷率（cm/d）；

$\quad\quad$ M——污染物削减负荷率 [kg/(m^2·d)]；

$\quad\quad$ S_0——进水污染物浓度（mg/L）；

$\quad\quad$ S_e——出水污染物浓度或环境目标（mg/L）；

$\quad\quad$ Q——进水流量（m^3/d）；

$\quad\quad$ A——湿地面积（m）。

5.3.3　限制性水力负荷

垂直流层叠人工湿地处理稠油废水时，对矿物油的去除率和耐受性都很高（Ji et al.，2002a；2002b；2004）。根据稠油废水的水质特性，其限制性因子可由基于 COD 消减负荷率的水力负荷率来确定。如果能够获得足够的数据，经过计算找出基于特征污染指标削减负荷率中的最小值即为该系统的限制性水力负荷率。将限制性水力负荷率确定为最大水力负荷率，可以实现对所有特征污染指标的有效去除。

根据前人采用人工湿地处理难降解有机废水的研究成果，采用人工湿地处理难降解废水时的水力停留时间一般控制在 5~15d 较为适宜，水力负荷率一般为 2~12cm/d，于是在确定垂直流层叠人工湿地处理稠油废水的限制性水力负荷时，采用流量控制阀控制垂直流层叠人工湿地出水流速，将水力停留时间控制在 5d。这里，选取 4cm/d、6cm/d、8cm/d 和 10cm/d 4 种水力负荷率，分别在 4 组人工湿地床中进行，以快灌慢排、间歇进水的运行方式，进水时间间隔为 12h。选择快灌慢排的运行方式是因为：①除芦苇根茎的输氧功能外，垂直流层叠人工湿地基质与外界的压力梯度是空气扩散进入湿地基质的主要动力，快灌使介质中耗尽氧气的废气排除，在慢排过程中又不断将新鲜的空气引入基质；②快灌慢排、间歇进水的工作方式，也有利于稠油废水中的矿物油、表面活性剂及其他污染物被基质、芦苇地下根茎和微生物吸附截留；③间歇运行时，湿地床的落干时间较长，这使得大部分湿地基质长期处于好氧环境中，增强了湿地的氧化能力；④间歇运行的另一个优点是，湿地运行期间，表层基质在厌氧 - 好氧交替的工艺条件下运行，有利于对难降解有机物的降解去除。

在上述 4 种水力负荷下运行的垂直流人工湿地，对稠油废水中 COD 的平均去除率分别为 82%、78%、66% 和 58%。人工湿地运行期间，进水 COD 的平均值为 383 mg/L，水力负荷率为 4 cm/d 时，出水 COD 的平均值仅为 66 mg/L，且所有 8 次检测结果均小于 100 mg/L；当水力负荷率提高到 6 cm/d 时，出水 COD 的平均值为 82 mg/L，且出水水质稳定。随着人工湿地水力负荷的升高，COD 的去除率逐渐减小，当水力负荷提高到 8cm/d 时，人工湿地出水 COD 的平均值为 128 mg/L，去除率下降到 66%；当水力负荷进一步提高到 10 cm/d 时，由于此时人工湿地的水力负荷率较大，使得基质淹水时间过长，出水 COD 升高到 158 mg/L，去除率仅为 58%［图 5-3（a）］。

图 5-3（b）为根据式（5-15）计算的基于 COD 消减负荷率的水力负荷。从图 5-3（b）可知，从稠油废水出水水质来看，在水力停留时间为 5d 时，水力负荷为 4 cm/d 时出水水质最优，但是此时对 COD 的削减负荷率最小，消减相同量的 COD 所需的土地面积也最大。若以出水 COD 小于 100 mg/L 为控制目标，根据式（5-15）计算，垂直流层叠人工湿地处理稠油废水时，基于 COD 消减负荷率的限制性水力负荷率为 6.8 cm/d。

5.3.4 限制性水力停留时间

在相同的水力负荷率（6 cm/d）下，水力停留时间为 24h、72h、96h、120h 和 144h 时，进水 COD 浓度为 469 mg/L（A）、371 mg/L（B）、275 mg/L（C）和 155 mg/L（D）时，垂直流层叠人工湿地出水 COD 的变化情况（图 5-4）。图 5-4

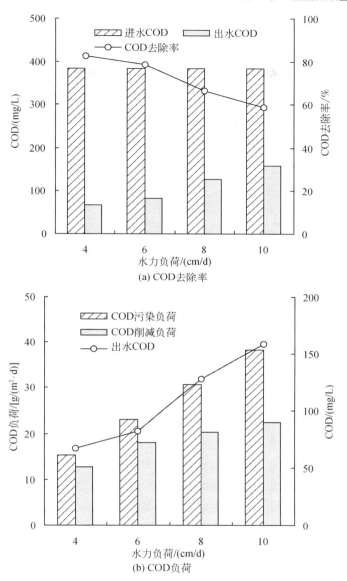

图 5-3　限制性水力负荷

表明，当水力停留时间为 5d（120h）、进水 COD 浓度为 155 mg/L 时，出水 COD 浓度为 42mg/L；进水 COD 浓度为 371 mg/L 和 275 mg/L 时，出水 COD 浓度分别为 78 mg/L 和 75 mg/L。然而，当进水 COD 浓度为 469 mg/L 时，出水 COD 浓度不仅高于 100 mg/L，甚至高于 150 mg/L。当水力停留时间进一步增加到 6d（144h）时，4 组人工湿地出水 COD 浓度下降趋势基本保持不变，限制性水力停留时间应为 5d。

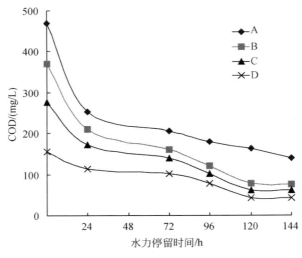

图 5-4　限制性水力停留时间

5.4　限制因子

5.4.1　氮磷转化

氮磷是制约垂直流人工湿地降解有机物的重要制约因子，A、B 两组人工湿地的 COD/TN/TP 比约为 100∶20∶1，C、D 两组人工湿地的 COD/TN/TP 比约为 100∶10∶1，四组垂直流层叠人工湿地的进水水质如表 5-2 所示。

表 5-2　垂直流层叠人工湿地进水水质　　　　　（单位：mg/L）

项目	A	B	C	D
pH	7.42	7.42	7.42	7.42
COD	213	213	213	213
Oil	96.5	96.5	96.5	96.5
Cl^-	1372	1372	1372	1372
COD/TN	5	5	10	10
COD/TP	100	100	100	100
COD/NH_4^+	20	6.7	40	13.5
NH_4^+/NO_3^-	1/3	3/1	1/3	3/1

A、B 两组人工湿地的进水 TN 和 TP 浓度相同，但是出水 TN 和 TP 的浓度差异较大，A 出水 TN 的浓度很低，B 出水 TN 的浓度则较高［图 5-5（a），（b）］。

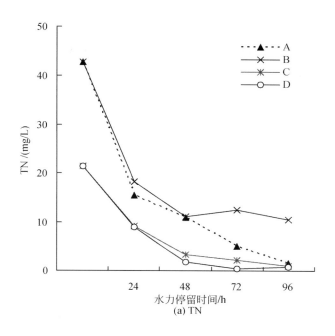

(a) TN

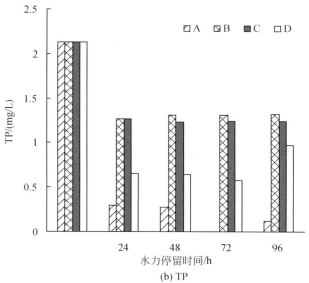

(b) TP

图 5-5　TN 和 TP 随水力停留时间转化

其原因在于: A、B 两组人工湿地的 TN 中 NO_3^- 和 NH_4^+ 所占的比例不同, A 进水 NH_4^+ 的浓度是 B 的 1/3, 其 NO_3^- 的浓度为 B 的 3 倍。B 进水 NH_4^+ 的浓度是 A 的 3 倍, 其 NO_3^- 的浓度约为 A 的 1/3。在 A 中 TN 多以 NO_3^- 的形态存在, 厌氧状态下运行的垂直流湿地在反硝化细菌的作用下将大量 NO_3^- 分解为 N_2 等而被去除, 其过程包括亚硝化细菌的作用和硝化细菌对 NO_2^- 的进一步分解。在 B 中 TN 多以 NH_4^+ 的形态存在, 在间歇运行的好氧环境下 NH_4^+ 被微生物氧化硝化成 H_2O、CO_2、NO_3^- 等, 其中的 NO_3^- 在垂直流人工湿地的厌氧区反硝化细菌的作用下进一步分解而被去除。从图 5-5 (a) 可见, B 剩余的 TN 几乎都以 NH_4^+ 的形态存在, 这表明在 COD/ NH_4^+ 比约为 6.7 时, 较多的 NH_4^+ 因无法被微生物充分利用而大量残留在水中。

A、D 两组人工湿地出水 TP 的浓度较 B、C 低, 而且在水力停留时间为 96h 时 A、D 都出现了磷释放的现象 [图 5-5 (b)]。出现上述现象最可能的原因是: 在水力停留时间为 96h 的情况下, 垂直流人工湿地的基质长期处于厌氧状态, 此时水中 TP 的含量很少, 从而导致一部分已经被基质吸附的磷重新释放到水中。

C、D 两组人工湿地进水 TN 和 TP 浓度相同, 水力停留时间为 96h 时, 出水 TN 的浓度差异很小且明显优于 A、B [图 5-5 (a)]。NH_4^+ 的硝化作用在 48h 内已比较彻底, TN 在 72~96h 略有增加的原因可能是有机氮转化为无机氮 [图 5-5 (a) 和图 5-6 (a)]。C 和 D 进水的不同之处在于 TN 中 NO_3^- 和 NH_4^+ 的比例不同, D 进水 NH_4^+ 的浓度是 C 的 3 倍, 其 NO_3^- 浓度为 C 的 1/3 [图 5-5 (a) 和图 5-6 (b)]。在 D 中 TN 多以 NH_4^+ 的形存在, 使得间歇运行的垂直流人工湿地的硝化作用较强, 大量有机物和 NH_4^+ 在好氧环境下被微生物氧化硝化成 H_2O、CO_2、NO_3^- 等, 其中的 NO_3^- 在人工湿地淹水期及基质厌氧环境中被反硝化细菌分解为 N_2 等而被从水中去除。C 中的 TN 在 48h 内明显减少的结果表明, 在 NH_4^+ 浓度较低而 NO_3^- 浓度较高的情况下, NH_4^+ 硝化作用很快完成, 此后在垂直流人工湿地的厌氧微生物的作用下大量 NO_3^- 被反硝化细菌所去除 [图 5-5 (a) 和图 5-6 (a), (b)]。

5.4.2　COD 和 Oil 降解

A、B、C、D 四组人工湿地进水 Oil 的浓度均为 96.5 mg/L, 水力停留时间为 24h 时, 出水 Oil 的平均值均小于 10 mg/L, 水力停留时间提高到 48h 时 Oil 的浓度下降到 0.5 mg/L 左右, 水力停留时间为 96h 时, Oil 的去除率达到了 99.6% 以上 (图 5-7)。

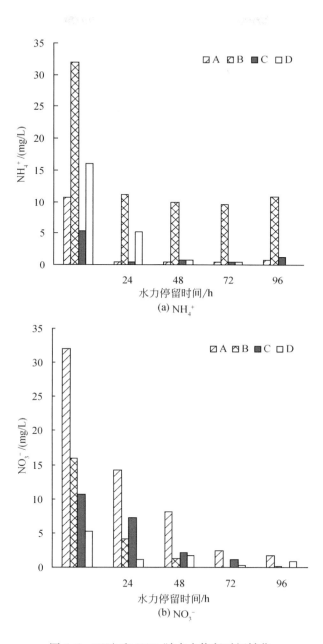

图 5-6　NH_4^+ 和 NO_3^- 随水力停留时间转化

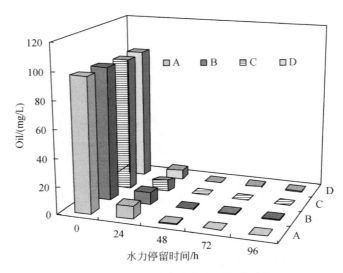

图 5-7　矿物油随水力停留时间的降解

在水力停留时间为 96h 时，A、D 对 COD 的去除率分别为 75% 和 79%；B、C 对 COD 的去除率仅为 59% 和 65%（图 5-8）。A、B 的 COD/TN 比都为 100∶20，明显高于理想界限 100∶（10～1）。虽然两组人工湿地的 COD/TN/TP 比相同，但水力停留时间为 96h 时的出水 COD 去除率却相差 16%。其原因在于，两组人工湿地进水 COD/NH₄⁺ 比差异较大，分别为 20 和 6.7。A 较高的 COD 去除率得益

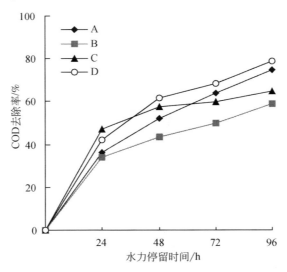

图 5-8　COD 随水力停留时间降解

于合理的 COD/NH_4^+ 比，当 COD/NH_4^+ 比为 20（100∶5）时，人工湿地进水的营养比较好，使得微生物在 48h 的水力停留时间内将大量有机物氧化降解，水力停留时间为 96h 时，出水 COD 稳定，去除率升高到 75%。B 的 COD/NH_4^+ 比约为 6.7（100∶15），湿地进水的营养比较好，在水力停留时间较短的情况下微生物尚能适应这种 COD/NH_4^+ 比的水质，使得在 24h 的水力停留时间内湿地微生物的氧化硝化和反硝化作用能力都很强，继续延长水力停留时间时，较低的 COD/NH_4^+ 比使微生物的活性受到明显抑制，氧化硝化能力显著降低，出水 COD 虽比较稳定，但 COD 去除率只有 59%。

　　C、D 两组人工湿地的 COD/TN/TP 比均为 100∶10∶1，它们的出水 COD 去除率却相差 14%，原因在于，虽然两组人工湿地的 COD/TN/TP 比相同，但是 COD/NH_4^+ 比差异较大，分别约为 40 和 13.5。显然，C 在水力停留时间为 96h 时 COD 去除率较低是因为进水 COD/NH_4^+ 比较高，当 COD/NH_4^+ 比为 40 时，人工湿地的氧化作用明显受到抑制，出水 COD 虽然比较稳定，但 COD 去除率只有 65%；D 进水 COD/NH_4^+ 比为 13.5，人工湿地进水的营养比较好，虽然 24h 内的氧化作用并不明显，但合理的 COD/NH_4^+ 比使得微生物在 48h 内将大量有机物氧化降解，水力停留时间为 96h 时，出水的 COD 浓度稳定在 45mg/L，COD 去除率升高到 79%。

第6章 多介质层叠人工湿地

6.1 概　述

人工湿地净化污水的机理十分复杂，是物理、化学及生物共同作用的结果（Ji et al.，2002b）。实践证明，人工湿地对 BOD、COD 和 TSS 等污染指标具有良好去除效果（Ji et al.，2004）。然而，受氮负荷和碳源供给影响，人工湿地对氮素污染物去除的效率波动很大，在北美湿地数据库中的平均脱氮率只有 44 %（IWA，2000），欧洲典型人工湿地脱氮的效率仅为 35%，经过优化设计的人工湿地脱氮效率，也只能提高到 50%（Verhoeven and Meuleman，1999）。如何提高人工湿地的脱氮效率，已成为当今水科学领域的研究热点。

人工湿地脱氮的主要途径有：基质沉淀吸附、离子交换作用、氨的挥发、植物吸收、动物摄食、微生物脱氮等（Brix，1994；Lin et al.，2002）。Lin 等（2002）的收割实验表明，人工湿地系统中只有 4% ~11% 的氮是通过植物吸收去除的，而绝大部分氮（89% ~96%）是由微生物的作用去除的，这就是说，微生物脱氮是人工湿地最重要的途径。微生物脱氮包括硝化、反硝化和厌氧氨氧化等过程（Tsushima et al.，2007）。硝化作用又分两个阶段，NH_4^+ 氧化成 NO_2^- 的好氧氨氧化阶段和 NO_2^- 进一步氧化成 NO_3^- 的亚硝酸盐氧化阶段（Jetten et al.，2008）；除了好氧氨氧化作用，在自然环境和污水处理系统中还存在以 NH_4^+ 为电子的供体，以 NO_3^- 或 NO_2^- 为电子受体，将 NH_4^+、NO_3^-（或 NO_2^-）转化为 N_2 的过程，即厌氧氨氧化现象（Kuypers et al.，2003）；反硝化包括传统反硝化和好氧反硝化，传统反硝化作用是指自养菌在厌氧条件下还原 NO_3^- 的过程，好氧反硝化是指异养菌在好氧条件下还原 NO_3^- 的过程。此外，好氧反硝化菌的异养硝化、好氧条件下硝酸呼吸以及微生物固氮作用也被证实广泛存在（Carter et al，1995；McDevitt et al.，2000）。

过去，有关微生物脱氮过程的研究主要是通过富集、纯化培养，借助显微镜观察，这些传统方法很难为其可靠的种群结构研究和系统发育分析提供证据。主要原因在于，一方面，一些氮转化菌的生长非常缓慢（如氨氧化菌生长周期为 8 ~24h），纯菌株难以培养（Okano et al.，2004），影响了对这类微生物脱氮过程的深入研究。另一方面，传统方法在培养过程中都不可避免地将微生物置于或多或少偏离原始生境的条件下，不能满足微生物原位识别。因此，对微生物的生态研究在一定程度上仍被视为黑箱（Falkowski et al.，2008）。近年来，分子生物学手段的引入，使人们对脱氮过程的相关细菌多样性的研究进入了一个崭新阶段。它的突出特点是，不需纯化培养，可以直接对环境样品进行定量分析，灵敏度高，而且这种方法是从分子水平来认识生物物种分化的内在原因和物质基础，更具科学性（Pace，1997）。

2000 年以来，研究者先后利用 16S rRNA 基因、细胞周质空间及细胞膜结合的硝酸盐还原酶基因（napA 和 narG）、含有细胞色素 cdl 和 Cu 的亚硝酸盐还原酶（nirS 和 nirK）基因和氧化亚氮还原酶基因（nosZ）等对脱氮过程的相关细菌进行了大量研究，并对氮转化相关微生物及其微生态分子机制进行了相关的研究探索，尤其在研究土壤、森林、海洋、农田等系统中微生物氮转化过程以及脱氮微生物及氮循环关键过程的功能基因与环境生态因子的关系方面取得了较大进展（Geets et al.，2007；Lam et al.，2007；Henry et al.，2008；Gruber and Galloway，2008）。

Throback 等（2004）的研究表明，nirS 基因在土壤中普遍存在，认为 DGGE 是研究环境样品中 nirK 和 nosZ 基因的良好工具，但该方法并不能分析 nirS 基因片段。美国罗格斯大学的 Scala 等（2000）曾以 nirS 基因为分子标记，采用末端限制性片段长度多态性 T-RFLP 技术，成功分析了新泽西州 Tuckerton 地区大陆架沉淀物中反硝化细菌 nosZ 基因的多样性随时空的变化规律。Henry 等（2006）设计了特异性和灵敏度高的编码 N_2O 还原酶的 nosZ 基因引物，并利用 RT-PCR 检测土壤中的 nosZ 基因含量。Kandeler 等（2006）采用 real-time PCR 技术，以 nirK 和 nosZ 基因作为反硝化过程功能基因定量冰川消退地区脱氮基因，发现土壤有机碳量与真细菌和 nirK 和 nosZ 基因之间存在着很高的相关性。Hai 等（2009）使用 real-time PCR 技术对农田植物根区微生物群落中参与氮循环的关键过程（固氮、氨氧化、反硝化）的关键基因进行定量，发现根际土壤中脱氮关键步骤的功能基因受施肥、植物生长阶段（高粱植物的长叶、开花以及衰老阶段）以及环境因素的综合影响。

6.2 多介质层叠人工湿地设计

6.2.1 湿地设计

多介质人工湿地的长:宽:高为 5:1:1.7，自上而下分别为根际层（0~30cm，

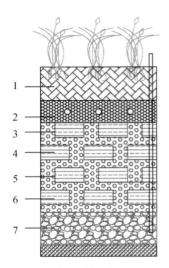

图6-1 多介质层叠人工湿地
1. 根际层；2. 布水层；
3～6. 多介质模块；7. 集水层

填充原生砂壤土）、布水层（30～50cm，填充粒径10mm的灰渣）、多介质滤料层（50～130cm，该层由透水填料与以砖墙式嵌套填充的4层多介质模块构成，每个多介质模块的长、宽、高为100cm×30cm×13cm，多介质模块的水平间距10cm，垂直间距7cm。其中，透水填料为粒径10mm砾石和粒径2～4mm的天然斜发沸石，两者体积比为7∶1；多介质模块由生物陶粒、粒径2～4mm的天然斜发沸石和粒径1～2mm的斜发沸石按体积比1∶1∶1混合而成）、集水层（130～170 cm，填充粒径为10mm的灰渣与粒径为32mm的砾石，两者的体积比为2∶1）（图6-1）。人工湿地表面栽种黄花鸢尾（黄菖蒲），栽种密度为25簇/m²（同行簇间距离0.15cm）。3种多介质人工湿地的差异在于，多介质层填充3种不同的多介质生物陶粒（1#、2#和3#）。

6.2.2 运行控制

人工湿地运行期间未进行温度控制，进出水温度变化范围为18～25℃。人工湿地设施于2009年5月11日开始调试运行，分析了5月25日至9月28日共16周的 NH_4^+ 、 NO_3^- 、 NO_2^- 、TN和COD的转化效率。人工湿地启动运行共经历4个不同阶段，5月11日至5月31日为启动驯化阶段，水力负荷为10.0 cm/d；6月1日至7月18日为调试运行阶段，水力负荷为20.0 cm/d；7月19日至8月31日为水力负荷冲击试验阶段，水力负荷为40.0 cm/d；9月1日至9月28日为TN负荷冲击试验阶段，在水力负荷不变的情况下，TN负荷提高3.5倍。经测定，9月份3次检测平均值如下：进水C/N比、pH和DO分别为3.0、7.55和2.0 mg/L，1#人工湿地出水的这三个指标分别为3.2、7.45和2.1mg/L，2#人工湿地出水的三个指标分别为2.0、7.42和2.1mg/L。3#多介质人工湿地出水C/N比为4.2，出水DO为2.3 mg/L，出水pH为7.37。

运行期间，水样每周采集一次，现场测定 NH_4^+ 、 NO_2^- 、 NO_3^- 、TN、COD、pH、DO和氧化还原电位。多介质人工湿地中微生物样品采集时间为9月28日，每组人工湿地各采集7组样品，即每组人工湿地的根际层、布水层、集水层各采集1组样品，并在多介质滤料层中的四层多介质模块各采集1组样品（分别标记为15cm、40cm、60cm、80cm、100cm、120cm和150cm层）。

6.3 氮转化速率

6.3.1 NH$_4^+$和TN转化速率

1#、2#和3#多介质人工湿地在水力负荷为20.0 cm/d的调试运行阶段（6月1日至7月18日），NH$_4^+$的平均去除率分别为98.3%（1#）、95.5%（2#）和92.6%（3#），TN的平均去除率分别为79.8%（1#）、73.9%（2#）和74.4%（3#）；水力负荷提高1倍至40.0 cm/d（7月19日至8月31日）后，NH$_4^+$的平均去除率分别为77.7%（1#）、82.8%（2#）和89.4%（3#），TN的平均去除率分别为55.0%（1#）、62.3%（2#）和70.6%（3#）；当NH$_4^+$和TN的容积负荷分别提高7.2倍和4.5倍后，稳定运行阶段（9月1~28日）NH$_4^+$的平均去除率分别为55.7%（1#）、70.0%（2#）和94.7%（3#），TN的平均去除率分别为58.9%（1#）、66.2%（2#）和86.0%（3#）〔图6-2（a），（b）〕。可见，较低水力负荷下，1#人工湿地脱出TN和NH$_4^+$的效率都高于2#人工湿地，2#人工湿地高于3#人工湿地，而耐水力负荷和氮容积负荷冲击能力则相反，即3#人工湿地高于2#人工湿地，2#人工湿地则高于1#人工湿地。

从9月7日、21日和28日三次平均值来看，进水TN和NH$_4^+$平均值分别为68.9mg/L和58.6 mg/L，1#人工湿地出水平均值分别为28.4mg/L和25.9 mg/L；2#人工湿地出水平均值分别为23.3mg/L和17.8 mg/L；3#人工湿地出水平均值分别为9.7mg/L和3.1 mg/L。NH$_4^+$净转化速率为925.0 mg/（m^2·h），TN净转化速率为986.6 mg/（m^2·h）。

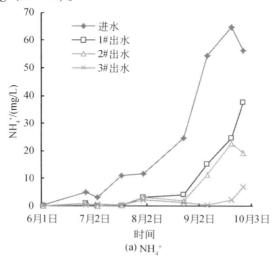

(a) NH$_4^+$

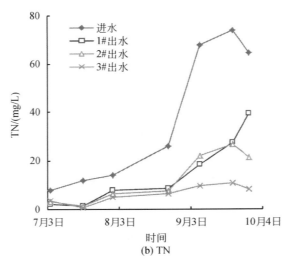

图 6-2　NH$_4^+$ 和 TN 转化效率

6.3.2　NO$_3^-$ 和 NO$_2^-$ 转化速率

从9月7日、21日和28日三次平均值来看，进水 NO$_3^-$ 和 NO$_2^-$ 平均值分别为
10.1 mg/L 和 0.23 mg/L，1#人工湿地出水平均值分别为2.3mg/L 和 0.23 mg/L；2#
人工湿地出水平均值分别为5.0mg/L 和 0.49 mg/L；3#人工湿地出水平均值分别为
6.0mg/L 和 0.58 mg/L ［图6-3（a），（b）］。NO$_3^-$ 净转化速率68.3 mg/（m^2·h），
NO$_2^-$ 净转化速率 −5.8 mg/（m^2·h）。

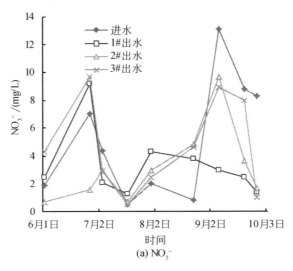

(a) NO$_3^-$

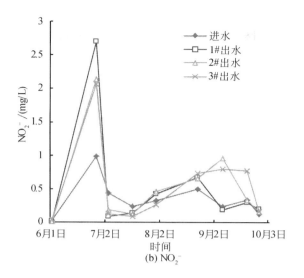

图 6-3　NO₃⁻ 和 NO₂⁻ 转化效率

6.4　微生物空间演化

6.4.1　微生物多样性

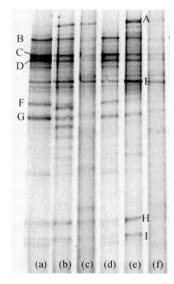

图 6-4　DGGE 图谱

(a) 1#15cm 层；(b) 1#60cm 层；
(c) 1#120cm 层；(d) 2#15cm 层；
(e) 2#60cm 层；(f) 2#120cm 层

微生物群落 16S rDNA 经 PCR 扩增后 DGGE 的指纹图谱显示，1#和 2#多介质人工湿地经过 DGGE 都可以分离出数目不等的电泳条带，且各个条带的信号强度和迁移位置不同（图 6-4）。变性凝胶电泳中每个独立分离的 DNA 片段，原理上可以代表一个微生物种属（Tan et al.，2010）。电泳条带越多，生物多样性越丰富；条带信号越强，表示该种属的数量越多（Ji et al.，2011）。1#人工湿地 15cm 层、60cm 层和 120cm 层分离所得的条带数分别为 17 条、24 条和 23 条〔图 6-4（a），（b），（c）〕；2#人工湿地 15cm 层、60cm 层和 120cm 层分离所得的条带数分别为 21 条、26 条和 25 条〔图 6-4（d），（e），（f）〕。由此可见，两组人工湿地之间，不论是 15cm 层、60cm 层和 120cm 层，2#人工湿地的条带数都比 1#人工湿地多；在同一人工湿地中，60cm 层的条带数比 120cm 层多，120cm 层条带数比 15cm 层多。

运用 Bio-RAD QUANTITY ONE 软件对 DGGE 图谱进行处理，计算得出各泳道的戴斯系数（Cs），量化表征 DGGE 图谱中各泳道之间的相似程度。Cs 值越大，表明相似性越高，差异越小（Ji et al.，2011）。1#人工湿地微生物群落的相似性沿层递减，15cm 层与 60cm 层和 120cm 层的相似性依次为 68% 和 57%；2#人工湿地微生物群落的相似性也沿层递减，15cm 层与 60cm 层和 120cm 层相似性依次为 67% 和 59%。两组人工湿地 15cm 层的相似度为 88%，60cm 层为 79%，120cm 层为 69%，也是沿层递减。

6.4.2 微生物同源性

同源性分析是属于质的判断，多个核酸序列之间进行比对分析对于了解核酸序列的保守区以及绘制分子进化树十分重要（Tan et al.，2010）。从 DGGE 图谱中选取有代表性的条带进行切胶，扩增后成为 150bp 左右的片段，进行测序，共得到 9 个条带的序列（图 6-4），测序结果见表 6-1。将所得的序列根据美国生物工程信息中心的 BLAST 软件与 Genebank 数据库中的已登录序列进行对比，结果见表 6-2。

表 6-1　16S rDNA 的 DGGE 的测序结果

条带	测序结果
A	GTGATCCGTCCTTGTGTATTTTCCACTCTACACAACGTTCTTCTCTAACAACAGAGTTTTACGATCCGAAAAACCTTCTTCACTCACGCGGCGTTGCTCGGTCAGACTTTCGTCCATTGCCGAAGATTCCCTACTGCTGCCTCCCGTAGGAA
B	TACGTCAATCTAATGGGTATTAACCATTAGCCTCTCCTCCCTGCTTAAAGTGCTTTACAACCAAAAGGCCTTCTTCACACACGCGGCATGGCTGGATCAGGGTTGCCCCCATTGTCCAATATTCCCCACTGCTGCCTCCCGTAAGA
C	TACGTCCACTATCCAGAGTATTAATCTCAGTAGCCTCCTCCTCGCTTAAAGTGCTTTACAACCATAAGGCCTTCTTCACACACGCGGCATGGCTGGATCAGGGTTCCCCCATTGTCCAATATTCCCCACTGCTGCCTCCCGTAGG
D	AGGCTTCTCGGTACGTCACTCATCTTGGGAATTAACCAAAAGAGCCTCCTCCTCGCTTAAAGTGCTTTACAACCATAAGGCCTTCTTCACACACGCGGCATGGCTGGATCAGGGTTCCCCCCATTGTCCAATATTCCCCACTGCTGCCTCCCGTAGGA
E	TGCTCCCCGTCGTCAGGAAGCGCCGTTAAACGCTACTTGTTCTTCCCTGGCAACAGAGGTTTACAAACCGAAAGCCTTCTTCACTCACGCGGCGTGGCTGGATCAGGCTTTCGTCCATTGTGGAAGATTCCCTACTGCTGCCTCCCGTAGG

续表

条带	测序结果
F	GTATTCGGTCGTCATTTCCCCAGGGATTAACCAGAGCCATTTCTTTCCGGACAAAAGTGCTTTAC CACCCGAAGGCCTTCTTCACACACGCGGCATTGCTGGATCCCGCTTTCCCCCATTGTCCAAAAT TCCCCACTGCTGCCTCCCGTAGGA
G	GTCATATCGTCCCGGTGAAGAATTTTACAATCCTAAGACCTTCATCATTCACGCGGCATGGCTG CGTCAGGCTTTCGCCCATTGCGCAAGATTCCCCACTGCTGCCTCCCGTAGGAACGCGGGAACT ACGTGGT
H	CGTCAGGTGCCGCCATTGCCTGCGGCACTTGTTCTTCCCTTACAACAGAACTTTACGACCCGA AGGCCTTCATCGTTCACGCGGCGTTGCTCCATCAGACTTTCGTCCATTGTGGAAGATTCCCTA CTGCTGCCTCCCGTAGGA
I	TCTGCAGGTCCGTCAGGTGCCGCCATTGCCTGCGGCACTTGTTCTTCCCTTACAACAGAACTT TACGACCCGAGGGCCTTCATCGTTCACGCGGCGTTGCTCCATCAGACTTTCGTCCATTGTGGA AGATTCCCTACTGCTGCCTCCCGTAGGATG

表6-2 DGGE 同源性

条带	同源性最近系列	相似性	提交号
A	*Lactococcus piscium* partial 16S rDNA gene, strain R-31597	98%	AM943029.1
B	Moraxella osloensis strain AKAV 10 16S ribosomal DNA gene, partial sequence	99%	HQ130446.1
C	*Acinetobacter* junii strain M-1 16S ribosomal DNA gene, partial sequence	99%	HM030745.1
D	*Acinetobacter* soli strain LCR52 16S ribosomal DNA gene, partial sequence	96%	FJ976560.1
E	*Bacillus* sp. SM1 16S ribosomal DNA gene, partial sequence	91%	EF424399.1
F	Beta *proteobacterium* OR – 214 16S ribosomal DNA gene, partial sequence	96%	HM163254.1
G	*Brevundimonas* sp. X08 16S ribosomal DNA gene, partial sequence	98%	GQ426314.1
H	*Exiguobacterium aurantiacum* strain M- 4 16S ribosomal DNA gene, partial sequence	99%	HM030747.1
I	*Exiguobacterium* sp. MR-R5 16S ribosomal DNA gene, partial sequence	98%	GU201835.1

Band A 主要分布在 1#人工湿地的 60cm 层和 120cm 层以及 2#人工湿地的 60cm 层，且 2#人工湿地的 60cm 层的丰度最高。它与 *Lactococcus* sp. 有 98% 的相似性。*Lactococcus* sp. 能够将硝酸盐还原，还具有将硝基化合物转化为氨基化合物的能力（Shin et al., 2005；Cho et al., 2008）。由此可见，Band A 是两组多介质人工湿地降解有机氮和反硝化脱氮的优势菌群。

Band B 主要分布在两组人工湿地的 15cm 层和 60cm 层，丰度沿层递减。它

与 *Moraxella* sp. 有 99% 的相似性。*Moraxella* sp. 在动物的粪便中经常被检测到，它能够在细胞膜表面表达有机磷水解酶，对农药和硝基苯乙酸都有很好的降解效果（Vaz-Moreira et al.，2008；Shimazu et al.，2001），也是多介质人工湿地降解有机氮的优势菌群。

Band C 和 Band D 在 1# 和 2# 多介质人工湿地的 15cm 层、60cm 层和 120cm 层广泛分布，且 15cm 层和 60cm 层的丰度都很高。它们与 *Acinetobacter* sp. 的相似性分别为 99% 和 96%。*Acinetobacter* sp. 是有机物污染土壤中的优势菌群，也是污染土壤中难降解有机物和油脂类物质的主要降解者（Al-Saleh et al.，2009）。此外，它也能够将 NO_3^- 转化为 NH_4^+（Barbe et al.，2004）。可见，Band C 和 Band D 是人工湿地转化 NO_3^- 的优势菌群。

Band E 广泛分布在 1# 和 2# 多介质人工湿地的 15cm 层、60cm 层和 120cm 层，60cm 层的丰度最高，120cm 层次之，15cm 层丰度最低。它与 *Bacillus* sp. 的相似性只有 91%。通常认为，基因序列鉴定物种时，一致性大于 93% 则将其归于同一属；反之，一致性低于 93%，可以认为是发现了新的属（Tan et al.，2010）。可见，Band E 很有可能是多介质人工湿地系统中培养驯化的新菌属。*Bacillus* sp. 广泛存在于有机物污染土壤中，它与人工湿地去除 NH_4^+ 的效果具有很好的相关性（Dong et al.，2010）。

Band F 主要分布于 1# 和 2# 人工湿地的 15cm 层和 60cm 层，它与 *β-Proteobacteria* sp. 有 96% 的相似性。*β-Proteobacteria* sp. 是水处理系统中重要的氨氧化菌群（Yin et al.，2009）。可见，Band F 是 1# 和 2# 人工湿地通过氨氧化机制脱 NH_4^+ 的主要优势菌群。

Band G 也主要分布于 1# 和 2# 多介质人工湿地的 15cm 层和 60cm 层，它与 *Brevundimonas* sp. 有 98% 的相似性。Band I 和 Band H 主要分布在两组人工湿地的 15cm 层和 60cm 层，1# 人工湿地 15cm 层和 60cm 层的丰度差异不显著，2# 人工湿地 60cm 层的丰度现在高于 15cm 层。它们与 *Exiguobacterium* sp. 的相似性分别为 99% 和 98%。它们都是土壤中典型的有机物降解菌群（Xiao et al.，2010；Lopez-Gutierrez et al.，2004）。

采用 Sequencher 5.0 软件（Gene Codes，Ann Arbor，MI）、Clustal X 软件和 Mega4 软件包中 NJ 法绘制系统发育树（图 6-5），有些条带的相似性很近，但进化关系却较远；反之，有些条带相似性差异很大，但进化关系却较近。其中，Band A、Band H 和 Band I 等在系统发育上有着很亲近的关系，但它们条带的差异性却非常大。Band A 和 Band B 的条带相似度很高，但是系统发育的亲缘关系却相隔很远。当然，也有条带相似度与系统发育的亲缘关系同时都较高的，如 Band B、Band C 和 Band D。

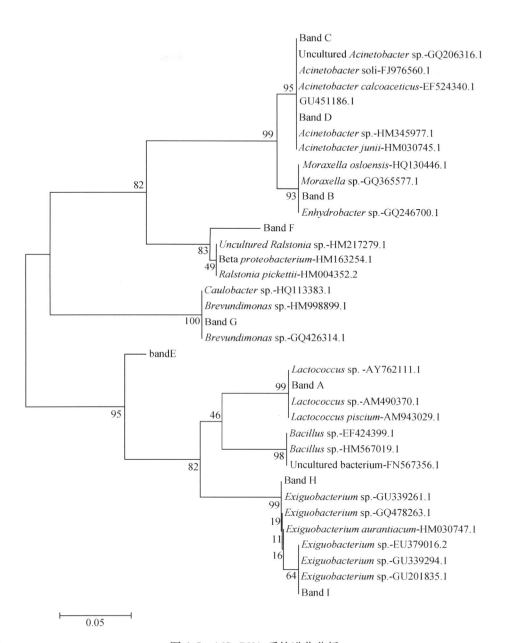

图 6-5　16S rDNA 系统进化分析

6.5　氮转化基因空间演化

6.5.1　基因丰度演化

1. 1#和 2#人工湿地基因丰度

从绝对丰度来看，1#人工湿地中 *qnorB* 和 *nas* 在根际区（15cm 层）和 60cm 层的丰度相当，均比 120cm 层高 1 个数量级［图 6-6（a）］。2#人工湿地中 *nirK* 在 60cm 层呈绝对优势富集，该层丰度比根际区（15cm 层）和 60cm 层高 1 个数量级［图 6-6（b）］。

厌氧氨氧化菌以及 *amoA*、*nxrA*、*narG*、*napA* 和 *nosZ*、*nas* 和 *nifH* 等功能基因群落均在 1#和 2#人工湿地的根际区（15cm 层）呈绝对优势富集，该层的绝对丰度比非根际区（60cm 和 120cm 层）平均值高 1~3 个数量级［图 6-6（a），（b）］。可见，两组人工湿地根际区（15cm 层）更有利于氮转化功能基因的绝对富集。这主要是因为，首先，在植物根际区内，死亡的根系和根的脱落物以及根系向根外分泌的无机物和有机物为微生物提供了重要的营养来源和能量来源（Dunbar et al.，2000）；其次，由于根系的穿插以及水分与养分的持续补给，使根际的通气条件和水分状况优于根际区外（Dunbar et al.，2000）。

厌氧氨氧化菌能在缺氧条件下将 NH_4^+ 和 NO_2^- 转化为 N_2（Kartal et al.，2007；Stramma et al.，2008）。在 15cm 层，2#人工湿地厌氧氨氧化菌 16S rRNA 的绝对丰度显著高于 1#人工湿地；在 60cm 层，1#人工湿地的丰度为 2#人工湿地的 2 倍多，120cm 层则刚好相反，2#人工湿地的丰度为 1#人工湿地的 2 倍多［图 6-6（a），（b）］。由此可见，在 60cm 层，1#人工湿地以厌氧氨氧化机制将 NH_4^+ 和 NO_2^- 转化为 N_2 的活性强于 2#人工湿地，而 15cm 层和 120cm 层则刚好相反，2#人工湿地的活性更强。

amoA 基因编码的氨单加氧酶催化 NH_4^+ 氧化为羟氨的反应（Deutsch et al.，2007；Canfield et al.，2010），在 15cm 层和 120cm 层，2#人工湿地 *amoA* 的丰度约为 1#人工湿地的 1.5 倍；在 60cm 层，1#人工湿地丰度为 2#人工湿地的 2 倍多［图 6-6（a），（b）］。比较而言，2#人工湿地 15cm 层和 120cm 层的好氧氨氧化活性比 1#人工湿地强，而 1#人工湿地在 60cm 层好氧氨氧化活性更强。

亚硝酸盐氧化酶编码基因 *nxrA* 是亚硝酸盐氧化菌将 NO_2^- 氧化为 NO_3^- 的关键基因，可作为亚硝酸盐氧化过程的 Marker（Poly et al.，2008；Jetten et al.，2008）。在两组人工湿地的 15cm 层、60cm 层和 120cm 层，1#人工湿地 *nxrA* 的丰

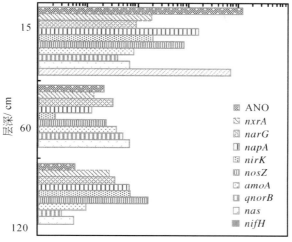

(a) 1#

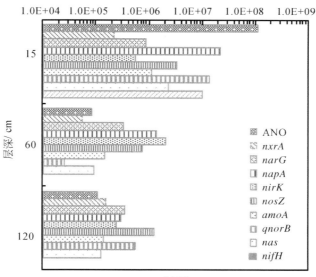

(b) 2#

图 6-6　氮转化功能基因丰度

度分别为 2#人工湿地的 8.5 倍、2 倍和 2 倍 [图 6-6（a），（b）]。相对而言，1#人工湿地的亚硝酸氧化菌活性更强，可将 NO_2^- 更多的氧化为 NO_3^-，有利于脱出活性 NO_2^-，但是不利于脱出 NO_3^-，这可以解释为什么 1#人工湿地出水 NO_2^- 显著低于 2#人工湿地。

微生物的好氧生长和厌氧生长直接影响 NAR 和 NAP 的活性与富集（Bell et al.，1991）。在缺氧条件下，NAR 表达占主导地位，因此编码 NAR 酶的关键基因 narG 常被作为 NO_3^- 厌氧转化为 NO_2^- 的 Marker（Lopez-Gutierrez et al.，2004）；在好氧条件下，NAP 的表达占主导地位（Galloway et al.，2008），因此编码 NAP 酶的关键基因 napA 常被作为 NO_3^- 好氧转化为 NO_2^- 的 Marker（Bru et al.，2007）。好氧反硝化菌的另一个特点是大多表现出异养硝化能力（Robertson et al.，1988）。两组人工湿地的 15 cm 层、60cm 层和 120cm 层，narG 的丰度差异均不显著 [图 6-6（a），（b）]。可见，两组人工湿地通过厌氧反硝化作用将 NO_3^- 转化为 NO_2^- 的活性基本相当。两组人工湿地 15 cm 层和 120cm 层，napA 丰度相差都不到 2 倍；在 60cm 层，2#人工湿地的 napA 的丰度和相对多度分别为 1#人工湿地的 12 倍 [图 6-7（a），（b）]。由此可见，2#人工湿地的 60cm 层，异养硝化好氧反硝化菌的优势富集，可使其通过异养硝化好氧反硝化途径转化 NO_3^- 和 NH_4^+ 的活性远高于 1#人工湿地，这可能是 2#人工湿地具有更高的脱 NO_3^- 和 NH_4^+ 效率的一个重要机制。

含 Cu 的亚硝酸盐还原酶（nirK）基因编码催化 NO_2^- 还原为 NO 的反应（Lam et al.，2007；Gruber and Galloway，2008），在 15 cm 层和 120cm 层，1#人工湿地 nirK 的丰度分别是 2#人工湿地的 3.5 倍和 2 倍；而在 60cm 层，2#人工湿地的 nirK 丰度比 1#人工湿地高 2 个数量级 [图 6-6（a），（b）]。可见，nirK 基因菌群在 2#人工湿地 60cm 层的绝对富集，使 2#人工湿地具备通过含 Cu 的亚硝酸盐还原酶（nirK）基因编码催化 NO_2^- 还原的高活性。

qnorB 基因编码的 NO 还原酶将 NO 还原成 N_2O，可作为 NO 还原过程的 Marker，这个过程不利于控制温室气体 N_2O 的排放（Fujiwara et al.，1996）。在 15 cm 层和 120cm 层，2#人工湿地 qnorB 的丰度分别是 1#人工湿地的 34 倍和 19 倍；60cm 层，1#人工湿地 qnorB 的丰度是 2#人工湿地的 19 倍 [图 6-6（a），（b）]。可见，在 15cm 层和 120cm 层，2#人工湿地可能会通过转化 NO 而释放更多的 N_2O，60cm 层则相反。

nosZ 编码的 N_2O 还原酶催化 N_2O 转化为 N_2 的反应（Bell et al.，1991），有利于控制温室气体 N_2O 的排放。在 15 cm 层，1#人工湿地 nosZ 的丰度是 2#人工湿地的 2.5 倍；60cm 层，2#人工湿地的 nosZ 丰度为 1#人工湿地的 3 倍 [图 6-6（a），（b）]；120cm 层，nosZ 的丰度差异不显著。综合 qnorB 和 nosZ 的演化趋势，

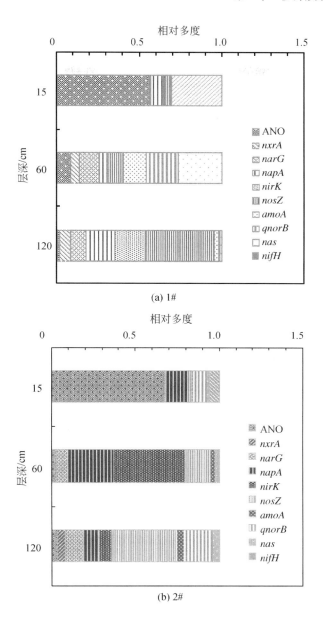

图 6-7 氮转化功能基因相对多度

不难发现，1#人工湿地 60cm 层释放的 N_2O，大部分在 15cm 层被 *nosZ* 基因群落转化为 N_2；2#人工湿地 120cm 层释放的 N_2O，大部分在 60cm 层又被 *nosZ* 基因群落转化为 N_2，这种功能基因群落沿层耦联转化，对控制两组人工湿地 N_2O 的排放都十分有利。

异化性硝酸盐还原酶基因 *nas* 编码酶催化 NO_3^- 经由 NO_2^- 转化为 NH_4^+ 的反应过程（Cabello et al.，2004），有利于污水中 NO_3^- 的转化，但是不利于 NH_4^+ 和 TN 的去除（Cabello et al.，2004）。在 15 cm 层和 120cm 层，2#人工湿地 *nas* 的丰度约为 1#多介质人工湿地的 2～3.5 倍；在 60cm 层，1#人工湿地 *nas* 的丰度是 2#人工湿地的 7 倍［图 6-6（a），（b）］。可见，2#人工湿地 NO_3^- 转化为 NH_4^+ 的高活性区域为 15 cm 层和 120cm 层，1#多介质人工湿地则位于 60cm 层。

在 1#和 2#人工湿地中，*nifH* 都只分布在根际区，这是因为 *nifH* 是细菌固氮分子还原酶基因，由此类细菌形成的生物固氮系统，主要存在于植物根系外或根系内（Reddy et al.，2002；Rubio and Ludden，2002）。在两组人工湿地的根际区，*nifH* 丰度分别为 7.01×10^7 copies/g（1#）和 9.83×10^6 copies/g（2#），1#人工湿地根际区微生物将 N_2 转化为 NH_4^+ 的活性比 2#人工湿地高 7 倍多，这对 1#人工湿地脱出水中的 NH_4^+ 十分不利。

2. 3#人工湿地基因丰度

ANO、*napA*、*qnorB*、*amoA* 和 *nas* 在根际区（15cm 层）呈绝对富集，多度为 97.1%、94.5%、92.7%、90.4% 和 72.5%，其丰度均比非根际区平均值高 2～3 个数量级；*nirK*、*nxrA*、*narG* 和 *nosZ* 也在根际区呈绝对富集，多度分别为 55.27%、48.45%、45.37% 和 35.01%，其丰度仅为非根际区平均值的 5～10 倍（图 6-8 和图 6-9）。

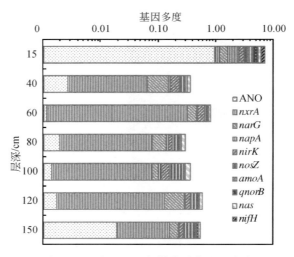

图 6-8　3#人工湿地氮转化功能基因多度

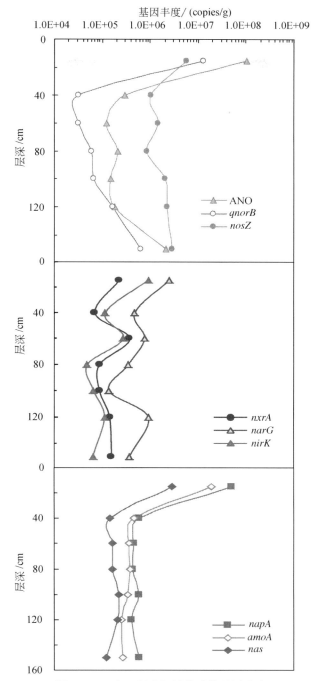

图 6-9　3#人工湿地氮转化功能基因丰度

由此可见，根际区（15 cm 层）基因的绝对丰度和多度均显著高于非根际区，这显然与根际区的微环境特性有关。首先，在植物根际区内，死亡的根系和根的脱落物以及根系向根外分泌的无机物和有机物为微生物提供了重要的营养来源和能量来源（Dunbar et al.，2000）；其次，由于根系的穿插以及水分与养分的持续补给，使根际的通气条件和水分状况优于根际区外（Dunbar et al.，2000；Ji et al.，2002b）。需要指出的是，$nifH$ 只分布在根际区，丰度为 4.81×10^7 copies/g，多度为 100% $nifH$，这是因为 $nifH$ 是细菌固氮分子还原酶基因，由此类细菌形成的生物固氮系统，主要存在于植物根系外或根系内（Rubio and Ludden，2002）。

6.5.2 基因多样性演化

1. 1#和 2#人工湿地基因多样性

1#人工湿地系统 60cm 层的 Ma 和 H' 都高于其他层，2#人工湿地系统 Ma 和 H' 最高的是 120cm 层 [图 6-10（a），（b）]。即 1#人工湿地的 60cm 层和 2#人工湿地系统的 120cm 层有利于各自系统稀有基因的富集。从相对多度来看，这些稀有基因主要是 $amoA$、$nxrA$、$narG$、$qnorB$ 和 nas [图 6-7（a），（b）]，这些功能基因编码酶催化的反应途径是各自系统氮转化的主要限速过程。

1#人工湿地 15cm 层根际区 C 值高于其他层；在非根际区，120cm 层的 C 值高于 60cm 层；2#人工湿地 60cm 层的 C 值高于其他层 [图 6-10（a），（b）]。即 1#人工湿地的 15cm 层和 60cm 层有利于该系统中优势基因的相对富集，而 2#人工湿地系统的 120cm 层有利于该系统优势基因的相对富集。从相对多度来看，这些优势基因主要是 ANO、$napA$、$nirK$、$nosZ$ 和 $nifH$ [图 6-7（a），（b）]，这些功能基因编码酶催化的反应途径是各自系统氮转化的关键反应过程。

2. 3#人工湿地基因多样性

人工湿地根际区（15 cm 层）的 Ma 和 H' 的平均值都高于非根际区（40～150cm 层），它们在非根际区则沿水流方向递减（图 6-11）。相比于根际区，非根际区更有利于稀有基因的相对富集；在非根际区，越接近布水层越有利于稀有基因的富集。

从丰度来看，3#人工湿地中的稀有基因主要是 $nxrA$ 和 $nirK$（图 6-9），它们在各层的丰度都比其他氮转化功能基因低 1～3 个数量级。有研究表明，亚硝酸盐氧化酶编码基因 $nxrA$ 是将 NO_2^- 氧化为 NO_3^- 的关键基因，可作为 NO_2^- 氧化过程的 Marker（Poly et al.，2008；Jetten et al.，2008）。亚硝酸盐氧化菌对氧的亲

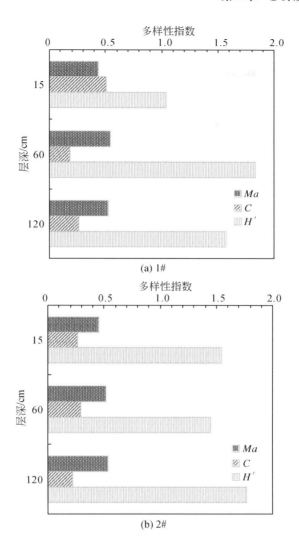

图 6-10　1#和 2#人工湿地多样性指数

和力比好氧氨氧化菌低，DO 小于 3.0 mg/L 时抑制亚硝酸盐氧化菌的生长。然而，3#人工湿地进出水 DO（2.0 ~ 2.2 mg/L）都不利于亚硝酸盐氧化菌的生长。亚硝酸盐还原酶编码基因 *nirK* 是将 NO_2^- 转化为 NO 的关键基因，可作为自养菌反硝化过程区别于其他过程的 Marker（Braker and Tiedje，2003；Canfield et al.，2010），自养菌反硝化过程的最佳 DO 为 1.0 ~ 1.5 mg/L（Ruiz et al.，2003），显而易见，进出水 DO（2.0 ~ 2.2 mg/L）同样抑制自养反硝化活性。

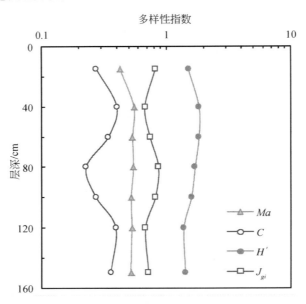

图 6-11　3#多介质人工湿地氮转化基因多样性

6.6　氮转化过程耦联机制

6.6.1　功能基因群落生态联结性

　　3#多介质人工湿地非根际区（40～150cm 层）ANO-*qnorB*-*nosZ* 基因对呈显著正相关，它们的 Pearson 秩相关系数 r 为 0.678～0.971（表 6-3）。在多介质人工湿地中，ANO、*qnorB* 和 *nosZ* 基因群落之间存在关联富集现象。这是因为，ANO 在缺氧条件下将 NH_4^+ 和 NO_2^- 转化为 N_2 的过程中，NO_2^- 转化 NO 是厌氧氨氧化的关键途径（Kartal et al., 2007；Stramma et al., 2008）；而 *qnorB* 基因编码的 NO 还原酶对 NO 具有很高亲和力，优先将电子集中用于 NO 还原成为 N_2O，使 NO 浓度维持在极低的水平，避免 NO 对 ANO 等微生物菌群的毒性影响（Fujiwara et al., 1996）；N_2O 又是 *nosZ* 所编码的酶催化反应的底物。

表 6-3　3#人工湿地非根际区基因 Pearson 秩相关系数（$P < 0.05$）

功能基因	ANO	*nxrA*	*narG*	*napA*	*nirK*	*nosZ*	*amoA*	*qnorB*	*nas*
ANO	1.000								
nxrA	−0.033	1.000							
narG	−0.232	0.554	1.000						

功能基因	ANO	nxrA	narG	napA	nirK	nosZ	amoA	qnorB	nas
napA	0.490	-0.297	-0.648	1.000					
nirK	-0.321	0.902	0.629	-0.281	1.000				
nosZ	0.678	0.088	0.043	0.363	-0.177	1.000			
amoA	-0.471	-0.118	-0.213	0.099	0.205	-0.870	1.000		
qnorB	0.971	-0.025	-0.116	0.375	-0.177	0.800	-0.660	1.000	
nas	-0.668	-0.157	-0.028	-0.187	-0.072	0.000	-0.176	-0.531	1.000

3#多介质人工湿地非根际区（40~150cm层）nirK-nxrA-narG 基因对呈显著正相关，它们的 Pearson 秩相关系数 r 为 0.554~0.902（表6-3）。在多介质人工湿地中，nirK、nxrA 和 narG 基因群落之间存在关联富集现象。一方面，nxrA 基因所编码的 NOR 酶催化的亚硝酸盐氧化反应生成 NO_3^-（Tsushima et al.，2007；Francis et al.，2007），从而为 narG 基因编码的酶催化 NO_3^- 转化为 NO_2^- 的反应提供底物资源，narG 基因编码酶催化的反应又为 nirK 基因编码的 NIR 酶催化的 NO_2^- 还原为 NO 的反应提供底物资源。另一方面，尽管 nxrA 和 nirK 基因编码的酶各自催化的 NO_2^- 氧化还原过程都利用 NO_2^-（Canfield et al.，2010），即它们可能存在资源利用性竞争；但是，人工湿地进出水 NO_2^- 呈净累积［图6-3（b）］，即它们共同竞争的底物资源 NO_2^- 是相对过剩的；此时，它们在相同区域共存有利于消除 NO_2^- 累积所产生的毒害作用（Fujiwara et al.，1996）。

3#多介质人工湿地非根际区（40~150cm层）napA-narG 呈显著负相关，它们的 Pearson 秩相关系数 r 为 -0.648（表6-3）。有研究表明，一些好氧反硝化菌能够表达两种硝酸盐还原酶，即膜质硝酸盐还原酶和周质硝酸盐还原酶（Bell et al.，1991）。在缺氧条件下，NAR 表达占主导地位（Lopez- Gutierrez et al.，2004）；在好氧条件下，NAP 的表达占主导地位（Bru et al.，2007；Galloway et al.，2008），即 napA 和 narG 基因存在不同的生态适应性，在相同生态环境条件下，往往呈此消彼长的相互抑制现象。

3#多介质人工湿地非根际区（40~150cm层）amoA-nosZ 和 amoA-qnorB 基因对呈显著负相关，它们的 Pearson 秩相关系数 r 分别为 -0.870 和 -0.660（表6-3）。在多介质人工湿地中，amoA 与 nosZ 和 qnorB 基因群落具有不同的生态适应性。amoA 基因编码的氨单加氧酶催化 NH_4^+ 氧化为 NO_2^- 的反应，是好氧氨氧化作用的限速步骤，DO 越高越有利于 amoA 基因群落的富集（Gomez- Villalba et al.，2006；Canfield et al.，2010），主要在好氧环境下表达；而 qnorB 和 nosZ 各自编码的酶分别催化还原 NO 和 N_2O 的反硝化过程，它们主要在厌氧和微好氧条件下富集表达，DO 越低越有利于 *qnorB* 和 *nosZ* 基因群落的生长富集（Canfield et al.，2010）。3#多介质人工湿地进出水的 DO 为 2.0~2.2 mg/L，非根际区都处于微好氧条件下，更有利于 *qnorB* 和 *nosZ* 基因群落的富集。

6.6.2 氮转化过程耦联协作机制

以人工湿地中 ANO 和氮转化功能基因相对多度的平均数（10%）为限值（图 6-12 和图 6-13），界定人工湿地中氮转化的关键反应途径和受限反应途径，相对多度≥10%为关键反应途径；*A*<10%为受限反应途径。根据这一界定限值，不难发现，3#多介质人工湿地根际区（15cm 层）的关键反应途径为 ANO 的厌氧氨氧化—*napA* 基因编码酶催化的好氧反硝化—*nifH* 基因编码酶催化固氮耦联作用 [图 6-14（a）]。

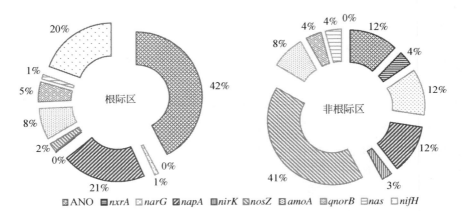

图 6-12 根际区和非根际区氮转化功能基因相对多度平均值

3#人工湿地非根际区（40~150 cm 层）的关键反应途径为 ANO 的厌氧氨氧化作用—*napA* 基因编码酶催化的 NO_3^- 好氧还原为 NO_2^- 的反硝化作用—*narG* 基因编码酶催化的 NO_3^- 厌氧还原为 NO_2^- 的反硝化作用—*nosZ* 基因编码的酶催化的 N_2O 还原为 N_2 的作用 [图 6-14（b）]。可见，厌氧氨氧化 – 反硝化耦联协作是非根际区脱出 NH_4^+、NO_3^- 和 NO_2^- 的关键机制。在该区域内，*napA* 和 *narG* 基因各自编码酶都催化 NO_3^- 还原为 NO_2^- 的反应，从而为厌氧氨氧化提供反应底物 NO_2^-，而厌氧氨氧化将 NH_4^+ 和 NO_2^- 转化为 N_2 和 NO，实现 NH_4^+ 和 TN 同时脱出。

需要指出的是，好氧反硝化菌的特点是大多表现出异养硝化能力，异养硝化菌的硝化过程是一个耗能反应，一般认为硝化活性在 DO 浓度达到空气饱和溶解氧浓度25%时最大（Robertson et al.，1988）。在多介质人工湿地中，非根际区

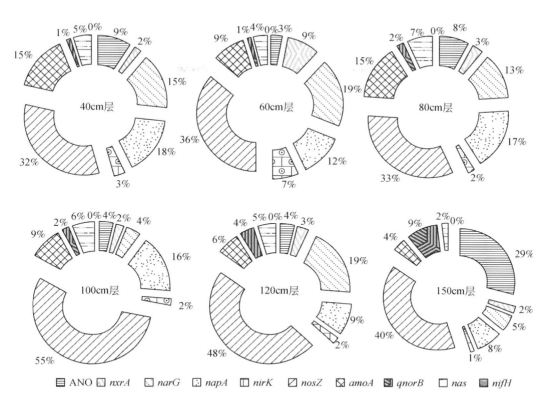

ANO nxrA narG napA nirK nosZ amoA qnorB nas nifH

图 6-13　非根际区氮转化功能基因相对多度沿层分布

都处于微好氧（DO 2.0~2.2 mg/L）条件下，好氧反硝化菌的异养硝化也可能是非根际区脱出 NH_4^+ 的重要机制之一。Takaya 等（2003）发现，能同时进行硝化作用和反硝化作用的细菌，在微好氧条件下主要转化为 N_2O 和 N_2，细菌活性越高，N_2O 累计和释放量越大（Wang et al.，2007）。N_2O 释放量越大，越有利于 nosZ 功能基因群落的生长和富集，而 nosZ 的相对富集量越大，越有利于控制多介质人工湿地释放 N_2O 温室气体。

此外，非根际区，nxrA 编码酶催化的 NO_2^- 氧化为 NO_3^- 的反应过程以及 nirK 编码酶催化的 NO_2^- 还原为 NO 的反应过程受限，显著影响 NO_2^- 和 NO_3^- 的转化，这可能是人工湿地脱出 NO_3^- 的效率低于 NH_4^+，且出现 NO_2^- 少量累积的主要原因。

在非根际区，沿水流方向自上而下，氮素转化关键反应途径由 amoA 基因编码酶催化的好氧氨氧化—narG 和 napA 基因编码酶催化的反硝化—N_2O 还原耦联作用（40 cm 层）逐渐过渡至厌氧氨氧化—N_2O 还原耦联作用（150 cm 层）。40 cm 层适宜的 DO（2.0 mg/L）、pH（7.55）、氧化还原电位（-5.7 mV）、C/N

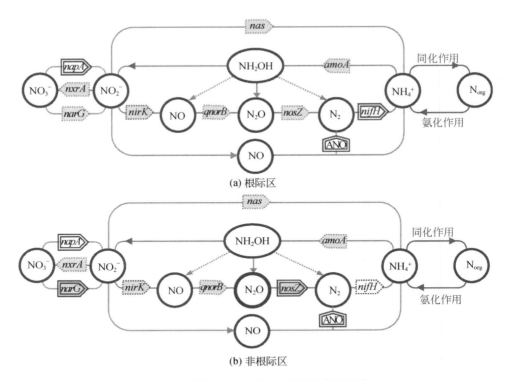

(a) 根际区

(b) 非根际区

图 6-14　根际区和非根际区氮转化耦联机制

比（3.0）以及较高的 NO$_3^-$ 浓度（10.1 mg/L）都有利于好氧反硝化菌群的富集，也有利于 *narG* 和 *napA* 的同时表达，而较高浓度的 NH$_4^+$（58.6 mg/L）则更有利于 *amoA* 的生长富集（Bell et al.，1991；Dionisi et al.，2002；Deutsch et al.，2007）。ANO 的最佳生长 pH 为 6.7~8.3（Bae et al.，2010；Walker et al.，2010），最佳生长温度范围为 20~43℃（Strous et al.，1999）；最佳氧分压（18%）（Strous et al.，1999）、150 cm 层的 pH（7.37）、水温（18~25℃）和 DO 浓度（2.3 mg/L）都适合 ANO 的富集。

第7章 复合折流生物反应器

7.1 概 述

7.1.1 折流生物反应器结构

厌氧折流生物反应器（anaerobic baffled reactor，ABR）是由美国 Stanford 大学的 McCarty 等于 20 世纪 80 年代初提出的一种高效新型厌氧反应器［图 7-1（a）］。自厌氧折流生物反应器诞生以来，为了提高反应器的性能，许多学者对折流生物反应器进行了不同形式的优化改造（Stamatelatou et al.，2003a，2003b，2004），经过优化改造的新型折流生物反应器的不断出现，不但丰富了折流生物反应器的研究内容，也很好地反映了折流生物反应器的发展历程。

1981 年，Fannin 等处理高浊度海藻污泥时在推流反应器中设置了一些竖向挡板，从而得到了厌氧折流式反应器的最初形式［图 7-1（b）］。1982 年 Bachmann（1983）将上、下流室等宽的 ABR 改造成上流室宽、下流室窄的新型 ABR。Bachmann 等分别研究了较小下流室宽度及导流板末端设导流折角对反应器性能的影响。这样的改进使得更多的微生物集中在上流室内，而导流折角的设立可以使废水流向上流室的中心区域，从而增加了反应器的水力搅拌作用。Yang 等于 1985 年提出一种新型 ABR［图 7-1（c）］，即水平折流厌氧反应器（horizontally anaerobic baffled reactor）。Yang 等对水平折流式反应器处理养猪场废水进行了研究。结果发现，此种反应器可以有效实现固液分离，并具有占地面积小、操作简单、运行费用低等特点，适合处理高浊度有机废水。

为了适应处理高浓度有机废水的需要，Tilche（1987）于 1987 年又对 ABR 作了较大的改进［图 7-1（d）］，开发了一种复合厌氧折流式反应器（hybrid anaerobic baffled reactor）。他们在 ABR 每间格室顶部都加入了复合填料，以防止污泥的流失。在反应器最后还增加了一个沉降室，流出反应器的污泥可以沉积于此，再回流到反应器的第 1 格室。各格室的气体被单独收集，便于分别研究不同格室的工作情况，同时也确保产酸阶段所产生的 H_2 不会影响产甲烷菌的活性。为了处理高浓度养猪场废水，1988 年 Boopathy 等又一次改进了 ABR 的结构，以降低水流的上升速度，减少污泥的流失。他们设计了一种两格室的 ABR［图 7-1（e）］，其第 1 格室的体积是第 2 格室的 2 倍。第 2 格室体积的增大不仅可以减少水流的上升速度，而且还可以使进水中的悬浮物尽可能多的沉积于此，增加了悬浮物的停留时间。

1998 年，为了使 ABR 适合处理不同废水的需要，希腊学者 Skiadas（1998，2000）开发了周期性折流式厌氧反应器（periodic anaerobic baffled reactor，PABR）［图 7-1（f）］。PABR 由两个同轴圆柱体构成，内外圆柱体之间的圆环体区域被竖向导流板分隔成若干横截面为扇形的封闭式反应区。其最大优点是操作的灵活性，即可以根据进水水质、浓度和流量的变化来选择不同的操作周期，使 PABR 工作在最适合的状态下，以期达到最佳的处理效果。

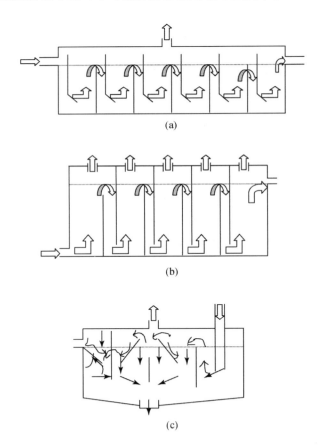

(a)

(b)

(c)

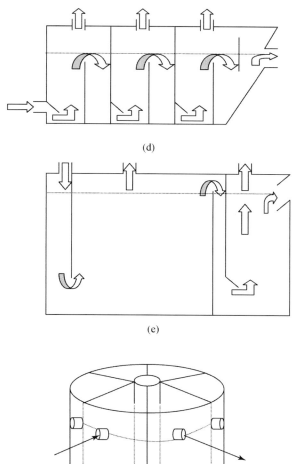

(d)

(e)

(f)

图 7-1　折流生物反应器主要类型

7.1.2 折流生物反应器特性

1. 水力特性

反应器内水的混合程度对微生物和有机物的接触情况影响很大，这就可能影响到有机物的降解和反应器的潜在性能。Grobicki（1992）通过锂（Li^+）示踪实验，在有或无污泥存在以及不同的水力停留时间的情况下研究了反应器的水力学特性，并用 Levenspiel "扩散" 和串联池的叠加模型处理数据，该模型为反应器混合程度和死区的计算提供了依据。计算结果表明，ABR 的死区在 8% 以下，而厌氧生物滤池的死区为 50% ~93%，CSTR 则大于 80%。这表明，尽管 ABR 的有机物容积负荷每增加 8g MVSS/L 时死区会增加 18%，但是水力死区与水力停留时间的减少无直接关系。在水力停留时间较小的情况下，水力死区不受微生物的影响而是流速与挡板数的函数。微生物死区是微生物数量、气体产量和流速的函数，并随着流速的增加而增加。当水力停留时间较小时，生物死区的作用被削弱，起支配作用的是水力死区。

2. 启动特性

启动就是要确定出微生物技术在处理废水时的最佳运行条件，一个厌氧反应器能否成功快速启动是决定该反应器运行成败的关键。影响厌氧反应器启动的因素很多，包括废水的组成及浓度、接种污泥的来源数量及活性、环境条件、营养条件、操作条件（COD 容积负荷、水力停留时间）和反应器的结构等。Weilsnd 等在讨论高效厌氧反应器的启动问题时特别提到需要注意以下几个方面：①为了丰富污泥中厌氧微生物的种类，接种污泥最好用几种不同来源的厌氧污泥混合而成；②温度控制在中温或高温厌氧适宜温度范围内，进水 pH 最好控制在 7.2 ~7.6；③COD/TN/TP = 100∶（10 ~1）∶（5 ~1）；④微量元素对厌氧反应器的启动也非常重要。

Barber 等（1997）研究了 ABR 的启动情况，他们采用固定进水 COD 浓度不断缩小水力停留时间的启动方式启动 ABR，但是由于 ABR 启动初期发生了过度酸化，启动以失败而告终。Barber 等认为接种污泥活性低和反应器初始 COD 污泥负荷高是造成启动失败的主要原因。随后，Barber 等降低了反应器初始 COD 容积负荷，启动获得了成功。有学者采用 ABR 处理金霉素制药废水，经过 3 个多月的调试启动获得了成功，并指出当温度在 30 ~40℃变化，COD 容积负荷为 5.63kg/（$m^3 \cdot d$）、水力停留时间为 53.3h 时，ABR 对 COD 的去除率可达 75% 以上。Nachaiyasit 等（1997）系统地研究了 ABR 的启动特性，指出采用固定基质浓度、不断缩小水力停留时间的启动方式，不论固体截留能力、甲烷菌的生长，还是耐水力冲击性能都优于固定水力停留时间、逐步提高进水基质浓度的启动方式。

3. 污泥和微生物特性

ABR 独特的分格室结构决定了每个格室微生物的种群分布也不尽相同，每个分格室内都会生长出与其基质及外部条件相适应的微生物。许多学者发现了 ABR 中甲烷八叠球菌和甲烷丝菌之间的转化现象。在乙酸浓度较高时甲烷八叠球菌占主导地位，但在乙酸浓度较低时甲烷丝菌占主导地位。Tilche 和 Yang（1987）的研究发现，虽然 HABR 第 1 格室内的 MVSS 仅占整个反应器 MVSS 的 10%，但是反应器甲烷产量的 70% 产生在这里。Xing（1991）和 Boopathy（1992）分别使用 ATP 法分析了大多数活性菌的活性，发现 ABR 处理 COD 容积负荷为 20 kg COD/（$m^3 \cdot d$）的糖蜜废水时，每个格室内至少有 85% 的活性来自于底部，其中第 1 格室的活性最高，为 92%。一些学者的研究表明，产甲烷菌活性在前几个格室比较强（Freese，2000），由于挥发有机酸（VFA）浓度相对较高，使得甲烷八叠球菌在 pH 为 6 时也能快速并有效地生长。产气的另一个来源是甲烷短杆菌在较高 H^+ 浓度下被激发而产生的氢气，在前几个格室内 VFA 浓度较低，最有可能的是甲烷丝菌属占主导地位。

Boopathy（1991a）研究了 HABR 处理高浓度糖浆废水时污泥的颗粒化现象，发现在启动 COD 容积负荷从 0.97kg/（$m^3 \cdot d$）逐步上升到 4.33kg/（$m^3 \cdot d$）的过程中，仅过了 30d 左右，HABR 的 3 个格室中均出现了灰色的球形颗粒污泥，它们的平均粒径约为 0.55mm，并且随着实验的进行，这些颗粒污泥不断长大，在 90d 时粒径达到 3~3.5mm。进一步研究发现，在前 2 个格室中，主要有两种不同形态的颗粒污泥，一种表面带有白色，主要由长丝状菌构成，结构相对松散一些，另一种表面呈深绿色，也主要由丝状菌构成，但密实程度比前一种好。在第 3 格室中只发现了第 2 种形态的颗粒污泥，该格室中大多数颗粒污泥的粒径在 0.5~1mm，并且颗粒污泥的表面粗糙不平，有很多气孔。电镜观察发现，各格室颗粒污泥中占优势的菌种并不一样。第 1 格室中占优势的是甲烷八叠球菌属，第 3 格室及后面的沉降室占优势的是甲烷丝菌属，中间格室没有明显占优势的菌属，由甲烷球菌属、甲烷短杆菌属、硫酸盐还原菌等多种菌属组成。Boopathy 等认为，甲烷丝菌属容易附着沉积在一些微小颗粒物质的表面从而形成结构松散的颗粒污泥。而甲烷八叠球菌自身就容易聚集成团形成颗粒污泥，这种由甲烷八叠球菌自身凝聚成的颗粒污泥密度小，容易流失。只有甲烷八叠球菌属被甲烷丝菌形成的颗粒污泥捕捉、缠绕、才会形成沉降性能良好的颗粒污泥。

Holt 等研究了 ABR 处理含酚废水时污泥的颗粒化问题。实验过程中发现前几个格室中分别出现了粒径在 1～4mm 的颗粒污泥，颗粒污泥的粒径沿程递减。Holt 通过电镜观察发现，颗粒污泥中含有各种菌群，包括甲烷丝菌属、甲烷螺菌属和甲烷短杆菌属等，但没有明显占优势的菌属。Barber 等（1997）的研究结果表明，颗粒污泥的粒径在反应器的中部达到最大，然后又逐渐沿程递减。他们认为颗粒污泥的大小取决于产气率和污泥浓度：污泥浓度越大，产气率越低，越有利于颗粒污泥的生长，之所以在中部出现粒径最大的污泥，就是污泥浓度和产气率的大小适中而共同作用的结果。

4. 固体截留能力

在处理高浊度猪场废水时，Boopathy 和 Sievers 示踪 Cr^{3+}，监测在水力停留时间为 15d 时，两个 HABR 的固体停留时间。发现第 3 格室反应器的固体停留时间为 25d 而第 2 格室反应器的固体停留时间为 22d。而且，第 3 格室反应器处理以葡萄糖、脂类和蛋白质为基质的废水时，甲烷的产量更高。

Orozco（1988）则比较了 ABR 与 UASB 在相同容积负荷情况下截留固体的能力，发现当 UASB 的固体停留时间比 ABR 长 40％时，它们的去除率才能达到一致。Grobicki 与 Stuckey 假设 ABR 为完全混合式反应器，计算出了在各种条件下的固体停留时间、生物产量和生物损失量。当固体停留时间在 7～700d 变化时，由于颗粒化程度不同，计算结果出现了很大偏差。Boopathy 的研究发现，当 COD 容积负荷率由 2.2kg COD/（$m^3 \cdot d$）提高到 3.5kg COD/（$m^3 \cdot d$）时，出水悬浮物的浓度无明显变化，启动期间的最大值为 500mg/L。

5. 低温的适应性

Nachaiyasit 发现，当 ABR 温度由 35℃降至 25℃时，两周后系统就达到稳定，整个反应器内 COD 去除率无明显变化。但是却出现了酸化产物向反应器后端移动的现象。VFA 的增加导致 pH 的减小，H_2 的产量表现为先增加后迅速降低。Nachaiyasit（1997）进一步降低温度至 15℃，一个月后发现 COD 去除率下降约 20％。与 CSTR 相比，ABR 性能的变化需要很长的时间，表明其耐冲击性能强于CSTR。

Nachaiyasit 等的研究发现，在低温条件下运行的 ABR 出水中由 VFA 贡献的 COD 大幅度降低。15℃时 VFA 贡献的 COD 占总 COD 的 1/3，25℃时占 2/3，这表明难降解物质在低温条件下会大幅度增加。Hickey 早在 1987 年就观察到了上述现象，但在 Nachaiyasit 的论文中没有考虑可生化性在低温下降低的问题，也没有考虑温度对电离平衡的影响，这将无法避免地导致潜在有毒物和大量难降解中间产物的产生，其中有些物质的产生在温度较高时是可以避免的。

7.2　ABR 处理稠油废水

7.2.1　启动运行控制

1. 稠油废水水质

废水中的 Oil 为超稠油，其胶质和沥青质的含量占38%，密度为 1.01 g/cm³，与水接近；凝固点为35℃，蜡含量仅为2.4%，其黏度高达 5.05×10^{10} Pa·s。废水已经过隔油、浮选预处理，稠油以水包油的乳化态存在，矿化度在 1.15% ~ 1.46%，COD/TN/TP 比接近 1200∶15∶1，BOD/COD 比为 0.06，属于典型的高矿化度、贫营养含烃废水。

稠油废水的水质特点：①石油开采过程中加入了大量采油用剂，使得水中阴离子及非离子表面活性剂较多，并有少量对微生物有毒害作用的阳离子表面活性剂；②稠油废水中稠质原油的胶质和沥青所占的比例较高，这些胶质和沥青在水解酸化的酸性条件下主要表现为阴离子表面活性剂的性质，在碱性条件下则表现为阳离子表面活性剂的性质，此时会对微生物产生抑制作用；③稠油废水中的油多以水包油的乳化态存在，不利于微生物分解油作用的进行；④稠油废水中 Cl⁻ 浓度较高，Cl⁻ 浓度偏高可能对细菌的生长产生抑制作用；⑤稠油废水氮磷的含量低，COD/TN/TP 比失调，这对生物处理也相当不利。

2. ABR 结构设计

ABR 分为 6 个格室，格室规格为长∶宽∶高 =31∶50∶80，其上下流室水平宽度之比为4∶1，在每格室顶部设集气管并接入水封以确保其厌氧条件。反应器所有格室底部均设计成弧形，以减少水力和污泥的死区，污泥采样点设在距反应器底部 5cm 处，水质采样点设在距上流室出水口 2cm 处，运行期间室温变化范围为 20 ~ 30℃。

3. 污泥接种

为了使 ABR 顺利启动，各格室均接种生活污水处理厂的消化污泥和取自稠油废水厌氧处理塘的底泥。取自生活污水处理厂的消化污泥呈黑褐色，沉淀性能良好，适于作接种污泥使用。污泥取回后，将两种污泥按 1:5 的体积比混合，去除较大的无机颗粒杂质和上清液后，将混合污泥接入 ABR 的各个格室，污泥接种量为各格室有效体积的三分之二，其余部分用稠油废水填充，此时各格室污泥浓度约为 16g/L。

4. 运行过程控制

启动初期，因种泥活性和沉降性能不佳，选取适宜的水力停留时间尤为重要，它不仅能确保微生物与食物充分接触，还能防止种泥的流失，这对反应器各格室积累大量沉降性能良好的活性污泥至关重要。ABR 启动采用相对固定基质浓度来改变水力停留时间的启动方式。反应器接种污泥后，先密封 10d，然后开始进高矿化度贫营养稠油废水进行连续流启动驯化。连续流启动驯化阶段的水力停留时间由 144h（10～15d）逐步调整到 60h（150～164d），经历了 5 个不同阶段，每个阶段获取 COD 连续两周的稳定数据后（标准差 <5%）再调整水力停留时间进入下一个阶段。启动驯化结束后，进入稳定运行和冲击阶段，该阶段共持续了 49d，期间在第 196d 时将进水 COD 负荷调整至该阶段进水 COD 均值的 2.5 倍，考察成功启动的反应器对 COD 冲击的耐受能力，直至第 200d，此后又将进水 COD 恢复到冲击前的水平，直至 212d 停止。启动驯化、冲击负荷及稳定运行时的水力停留时间和 COD 负荷见表 7-1。

表 7-1　启动运行控制参数

序号	运行时间/d	稳定运行时间/d	COD 负荷 / [kg COD/(m³·d)]	水力停留时间/h
1	10～15		0.07	144
2	15～44	30～44	0.08	120
3	44～74	60～74	0.10	96
4	74～128	114～128	0.14	72
5	128～164	150～164	0.20	60
6	164～196	164～196	0.20	60
7	196～200		0.50	60
8	200～212		0.20	60

7.2.2　启动运行特性

1. 酸碱度变化

启动驯化期间，反应器进水的 pH 稳定在 7.85 左右，启动第 15d 时（HRT 为 144h）检测发现，经过反应器前 2 个格室后 pH 基本保持不变，第 3~6 格室则下降至 6.6~7.0。将 HRT 减少到 120h 后，在反应器运行至 30~44d 时，1~6 格室的 pH 均下降至 6.4~6.8，此时，各格室的 pH 均达到启动驯化阶段的最小值。随着 HRT 的不断减小，此后 3 个启动驯化的稳定运行阶段，反应器 1~3 格室的 pH 均呈明显的回升趋势，4~5 格室的 pH 基本保持在 6.4~6.6，第 6 格室的 pH 稳定在 6.8 左右（图 7-2）。

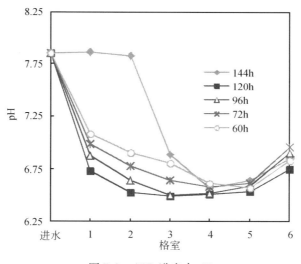

图 7-2　ABR 进出水 pH

2. COD 和 Oil 降解特性

由图 7-3 可知，启动驯化阶段，反应器进水 Oil 总体上呈增加的趋势，从启动初期的 50mg/L 逐渐提高到 200mg/L，期间 HRT 从 144h 逐渐减少到 60h，Oil 的平均去除率则从启动初期（30~44d）的 31% 逐渐增加到 150~164d 时的 88%。尽管每次 HRT 调整初期，反应器出水 Oil 的去除率都有所波动，但随着时间的推移，经过 1 周左右都能恢复到新的稳定。

每次 HRT 调整初期，反应器出水 COD 去除率都发生了较大波动，但是，随着时间的推移，经过 2~3 周，都能恢复到新的稳定工况。启动驯化阶段，HRT 从

144h 逐渐减少到 60h，COD 平均去除率则由启动初期（30～44d）的 30% 逐渐增加到 164～196d 时的 65%。成功启动的反应器受 2.5 倍于进水 COD 负荷连续 4d（196～200d）的冲击时，出水 COD 基本保持稳定，停止冲击后（200～212d），COD 去除率很快恢复到冲击前的水平（图 7-4）。深入分析发现，反应器进水溶解性 COD 约占总 COD 的 30%，ABR 对这部分 COD 的去除率仅为 8%。

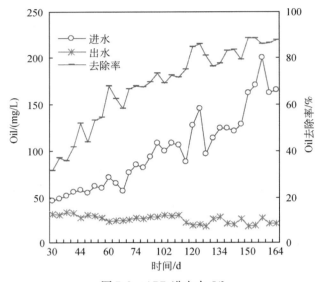

图 7-3　ABR 进出水 Oil

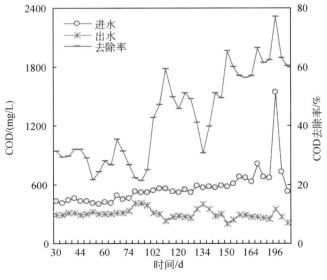

图 7-4　ABR 进出水 COD

从图7-5可知，各阶段ABR出水VFA均略高于进水，但出水VFA的均维持在20～40mg/L的较低水平，出水VFA的增加值也呈逐渐下降的趋势，由30～40d时的36%下降到150～164d时的9%。此外，反应器进水VFA/COD比较低且稳定在0.05左右，尽管出水VFA/COD比不断升高，但各稳定运行阶段的VFA/COD比仍然维持在0.05～0.13的较低水平。

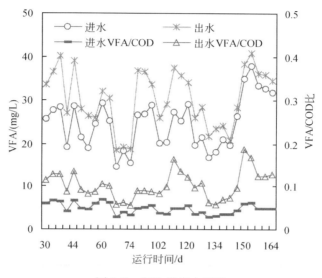

图7-5　ABR进出水VFA

有学者指出，以水包油的乳化态存在的稠油，生物降解非常困难（Wu et al.，2003；Zhao et al.，2006）。然而，在本研究中，尽管稠油废水形成了水包油乳化态，成功启动的反应器对Oil的去除率仍然高达88%（图7-3）。这与反应器1～6格室都培养出了性能良好的颗粒污泥有关，其中1～5格室起主导作用的是大量具有降解石油烃活性的红色假单胞菌（*Rhodopseudomonas*）。SEM观测发现，这些具有降解石油烃活性的*Rhodopseudomonas*，会分泌大量的胞外多聚物，并以此将细菌黏结而成菌胶团，构成颗粒污泥的骨架，成为ABR的优势菌群；假单胞菌分泌的胞外多聚物中，还含有多聚糖等生物表面活性剂（Schmidt，1996；Zhao et al.，2006），它们对水包油的乳状液起到增溶破乳的作用，增加稠油的生物可利用性（Tsuneda et al.，2003；Wu et al.，2003），从而增强了反应器的除Oil能力。

本研究中，尽管每次调整HRT的初期，反应器出水COD都发生了波动，但是，随着时间的推移这种波动经过2～3周的运行后能稳定在新的水平，启动结束时，对反应器对COD的去除率达到65%，与李爱民等（Li et al.，1994）应用光合细菌强化 ABR 处理人工配制生活污水时，对 COD 的去除率为 47% ~67% 非常接近。Barber 和 Stuckey 等（2000）曾指出，ABR 的分格室结构使其在处理高浓度有机废水时，具有比 UASB 更好的耐冲击性能，Shen（1999）应用 ABR 处理生物难降解的垃圾渗滤液时得到类似的结论。本研究中，在受 2.5 倍于进水 COD 负荷连续冲击 4d 时，反应器出水水质稳定，停止冲击很快恢复到冲击前的水平（图 7-4），证实了前人的研究成果。

此外，我们发现，约占总 COD 30% 的溶解性 COD，经过反应器处理后仅减少了 8%，且出水 VFA 较进水略有增加，也就是说，反应器去除的 COD 中绝大部分是进水中的难溶性有机物。这一方面是因为，ABR 的分格室结构，有利于被截留的难溶性大分子有机物（Boopathy，1998）通过水解微生物胞外酶的水解作用使其水解酸化，将进水中的难溶性有机物转化为 VFA 等易溶易降解的有机物，从而实现反应器对 COD 的大量去除；另一方面，一部分由难降解有机物转化的 VFA，未能被反应器中的微生物全部有效利用，溶解存在于反应器的出水中，是反应器出水 COD 的重要组成部分，从而导致反应器出水 VFA/COD 比较进水显著增加，这在一定程度上影响了 ABR 对 COD 的高效去除。

3. 高盐贫营养特性

从图 7-6 可知，ABR 启动驯化的稳定运行阶段，进水 COD/TN/TP 比稳定在 1200∶15∶1 左右，出水 TN 和 TP 的平均值均稳定在 0.45mg/L 左右，出水

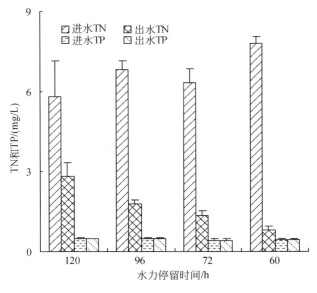

图 7-6　ABR 进出水 TN 和 TP

COD/TN/TP 比稳定在 600∶2∶1 左右，出水 COD/TP 比进水提高了近 2 倍。尽管启动驯化不同阶段 ABR 进水盐分含量存在显著差异，但在启动驯化相同阶段其进水的盐分差异并不显著，平均值分别为 13 656 mg/L（水力停留时间为 120h）、11 442 mg/L（水力停留时间为 96h）、12 010 mg/L（水力停留时间为 80h）和14 603 mg/L（水力停留时间为 60h）；经 ABR 处理后，含盐量呈逐渐下降的趋势，各个阶段反应器出水含盐量较进水依次减少了 8.0%、10.7%、11.3% 和 13.2%。

有学者认为，废水的盐分超过 1.0% 时，对没有驯化的微生物具有毒害作用，会造成生物体内细胞内外渗透压的快速改变，导致菌体细胞破裂或抑制细菌生长（Yang，2000）。有研究表明，接种耐盐菌剂的固定床反应器，能够耐受高达 5% 的盐分（Zhao et al.，2006）。但接种耐盐微生物的活性污泥反应器，一般仅对盐分小于 1.50% 的废水具有较好的适应性（Dalmacija，1996；Ji et al.，2007a）。在这项研究中，ABR 进水的盐分为 1.15% ~ 1.46%，介于1.00% ~ 1.50%，启动过程中反应器微生物活性恢复较慢，显示高盐分影响了反应器的启动过程，支持了 Yang（2000）的结果。但和 Yang 研究不同，本研究中，污泥中培养了大量具有耐盐性能的红螺菌属的红色假单胞菌，从而增强了反应器的耐盐能力，使反应器最终成功启动。

一般认为，废水厌氧处理系统的 COD/TN/TP 比控制在 300∶5∶1 比较适宜（He，1998）。研究中，反应器进水的 COD/TN/TP 比约为 1200∶15∶1，COD/TN 比与建议数值接近，COD/TP 比则超过建议数值 4 倍之多，这在一定程度上限制了微生物的正常代谢，影响了颗粒污泥的形成，延长了 ABR 启动驯化的时间，成为影响反应器净化效能的重要因素。但我们也注意到，经 ABR 处理后，出水的 COD/TP 比约为 600∶1，仅为建议值的 2 倍，为增加好氧后处理创造了有利条件。

7.2.3 污泥和微生物特性

1. 颗粒污泥和微生物分布

ABR 启动至74d 时镜检发现，各格室中形成了大量直径 <0.1mm 的松散型棒状颗粒污泥和少量结构较为紧密的球状颗粒污泥，它们不规则地分布在 1 ~ 6 格室的底部，颗粒污泥随时间逐渐变大，启动结束时（164d），在 1 ~ 6 格室均发现了粒径大于 1.0mm 的松散型和密实型颗粒污泥。启动驯化结束时（164d），粒径为 0.5 ~ 1.5mm 的颗粒污泥所占的比例从第 1 至第 6 格室依次递减，第 1 个格室最多，约占污泥总量的 20%，第 6 格室最少，仅为 1%。第 1 ~ 5 格室 0.1 ~

0.25mm 的颗粒污泥所占比例依次递增，由第 1 格室的 25%，逐渐增加到第 5 格室的 70%，而第 6 格室却以小于 0.1 的颗粒污泥为主（88%），0.1 ~ 0.5mm 的颗粒污泥所占比例下降到 7%（图 7-7）。从第 1 至第 4 格室污泥浓度呈递增趋势，第 5、6 格室依次下降，其中第 4 格室浓度最大，第 6 格室浓度最小。

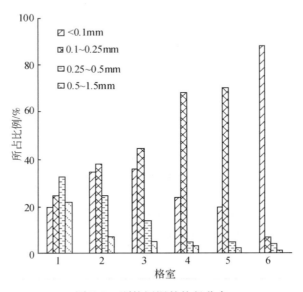

图 7-7　颗粒污泥的粒径分布

第 1 格室的颗粒污泥较轻，多呈红褐色，灰色污泥较少，第 2 ~ 6 格室的污泥沉降性能良好，呈暗红色至黑色。实验还观察到，第 1 格室中的污泥大部分处于悬浮态，泥水混合液较为黏稠，而以后各格室中的污泥均在底部约 1/4 处形成了较为稠密的污泥层。镜检和微生物分离培养发现，第 1 格室以粒径较大的棒状为主，第 2 ~ 6 格室以球形颗粒污泥为主。

XRD 衍射分析表明，反应器接种的混合污泥以及反应器启动驯化形成的球型密实颗粒污泥中，都含有大量的有机物和无定形物以及 Fe_2O_3、FeS 和 $CaCO_3$ 晶体，而且密实颗粒污泥中的 $CaCO_3$ 晶体含量既高于 Fe_2O_3、FeS 的含量，也远高于接种污泥中的 $CaCO_3$ 晶体含量；松散棒状污泥中也含有大量的有机物和无定形物，但是没有发现 Fe_2O_3、FeS 和 $CaCO_3$ 晶体。

各格室微生物组成、产甲烷活性和解脂酶活性的分析结果表明，第 1 格室主要以水解产酸菌为主，其中梭状芽孢杆菌（*Clostridia*）数量达到 10^7 CFU/mL。第 2 ~ 5 格室占优势的依次为梭状芽孢杆菌（*Clostridia*），10^7 ~ 10^8 CFU/mL、甲烷八叠球菌属（*Methanosarcina*），10^2 ~ 10^4 CFU/mL；而第 6 格室颗粒污泥中占优势的菌群主要是甲烷八叠球菌属（*Methanosarcina*），10^6 CFU/mL 以及甲烷丝菌属

(*Methanothrx sp.*)，10^4 CFU/mL。在 1~5 格室中还发现了 $10^6 \sim 10^8$ CFU/mL 具有解脂酶活性和噬盐能力的兼性厌氧光合细菌（*Photosynthetic Bacteria*），这部分光合细菌主要是红色假单胞菌（*Rhodopseudomonas*）。

2. 污泥和微生物特性

一般认为，水解、发酵菌及产乙酸菌对 pH 的最佳适应范围为 5.0~6.5，而甲烷菌对 pH 的最佳适应范围在 6.6~7.5，当 pH 为 6.2~6.8 时则竞争生长（He，1998）。本研究中，启动驯化期间，ABR 3~6 格室的 pH 稳定在 6.4~6.8，可见各格室产酸和产甲烷菌呈竞争生长的态势，第 4~5 格室的 pH 保持在 6.5 左右，有利于产酸菌的生长，而第 6 格室 pH 在 6.8 左右，有利于产甲烷菌的生长。

有研究表明，在成熟的颗粒污泥中，各类细菌的数量都能达到较高数值，当颗粒污泥中产酸菌和产甲烷菌的数量分别为 $10^7 \sim 10^{10}$ CFU/mL 和 $10^5 \sim 10^6$ CFU/mL 时，产甲烷菌不能正常代谢，而产酸菌对环境的变化有较强的适应性，此时，反应器中参与有机物降解的微生物主要是产酸菌（Huang et al.，1995）。本研究中，ABR 启动驯化到第 164d 时，第 1 格室颗粒污泥中占优势的为产酸菌中的梭状芽孢杆菌（*Clostridia*），其数量达到 10^7 CFU/mL，据此我们认为，该格室中梭状芽孢杆菌（*Clostridia*）在有机物降解过程中起主要作用，从而使大部分难降解有机物酸化成小分子有机物。第 2~5 格室中的产酸菌高达 $10^7 \sim 10^8$ CFU/mL，甲烷八叠球菌属（*Methanosarcina*）仅为 $10^2 \sim 10^4$ CFU/mL，此时梭状芽孢杆菌（*Clostridia*）在有机物降解过程中仍然占据主导地位，通过胞外酶对溶解后的高分子有机物的分解作用而将它们转化为 VFA 等可溶性的小分子有机物，进而为产甲烷菌提供可利用的食物（He，1998）。但此时产甲烷菌仍无法正常代谢有机物。第 6 格室梭状芽孢杆菌（*Clostridia*）不再占优势，甲烷八叠球菌属（*Methanosarcina*）和甲烷丝菌属（*Methanothrix*）分别为 10^6 CFU/mL 和 10^4 CFU/mL，占据优势地位，这就为产甲烷菌正常代谢有机物创造了良好的条件。

成功启动的 ABR，第 1~4 格室的颗粒污泥浓度呈递增趋势，第 5、6 格室依次下降，其中第 4 格室浓度最大，第 6 格室浓度最小。这是由于，第 1~2 格室的水解作用较强，而水解过程是耗能过程，其付出能量进行水解的过程中，取得能进行发酵的水溶性基质，并通过胞内酶的生化反应取得能源，并产生溶解性微生物产物（SMP）等代谢产物，从而使剩余有机质有所增加；而第 5、6 格室逐渐由产酸阶段过渡到产甲烷阶段，此时产酸菌的生长速率不断下降，产甲烷菌逐渐成为优势菌，会消化大量有机物，使剩余污泥减少。

XRD 衍射的结果表明，污泥中 $CaCO_3$ 晶体的含量在密实颗粒污泥形成前后发生了很大变化，其在密实颗粒污泥中的含量比 Fe_2O_3 和 FeS 两种矿物晶体的含量都高，这与稠油废水中矿化度高达 1.46%，且含有大量 Ca^{2+} 和 CO_3^{2-} 有关。在密实颗粒污泥形成过程，稠油废水中的一部分 Ca^{2+} 中和细菌表面负电荷形成 $CaCO_3$ 晶体，在促进细菌黏结凝聚（Heijnen，1993）的同时，增加了颗粒污泥的比重和机械强度，使得污泥更加密实，抗破坏能力增强。密实颗粒污泥中，FeS 具有较高的表面张力，从而大量沉积在菌体的表面（Cui et al.，2006），起到稳定细胞团粒的作用，使其更加稳定。松散颗粒污泥中除了有机物和无定型物外，没有其他晶体，其结构的稳定性主要靠胞外多聚物的黏结和丝状菌的框架作用来维持（Schmidt，1996；Tsuneda et al.，2003），因此其抗破坏能力较差，形状容易改变。

据 Barber 和 Sallis 等的报道，在较高负荷下，ABR 的密实颗粒污泥以黑色、灰白色和深绿色为主（Barber et al.，2000；Sallis et al，2003）。Shen 则指出，在低负荷下，ABR 各格室颗粒污泥的变化规律与高负荷相似，但很少出现灰白色污泥（Shen，2005）。本研究支持了 Shen 的结论。同时，本研究还发现了大量外观呈红褐色的颗粒污泥，颗粒污泥之所以呈现红褐色，一方面与颗粒污泥中有大量红色假单胞菌有关，这些红色假单胞菌来自于稠油废水处理稳定塘底泥，具有噬烃耐盐活性，因而得以大量繁殖并成为颗粒污泥的优势菌群；另一方面，密实颗粒污泥中含有大量的 Fe_2O_3 和 FeS，Fe_2O_3 呈红褐色，FeS 呈黑色，这也是密实球形颗粒污泥多呈红褐色的重要原因。

7.3　AOBR 处理稠油废水

7.3.1　AOBR

1. 设计思路

厌氧过程一系列复杂的生化反应所产生的各类中间产物、最终产物以及基质与各种微生物之间相互作用，形成了一个复杂的微生态系统，各类微生物间通过营养基质和代谢产物形成共生或共营养关系。因此，反应器作为提供微生物生长繁殖的微型生态系统，各类微生物的平稳生长、物质和能量流动的高效顺畅是保持该系统持续稳定的必要条件。从这个意义上讲，一个成功的反应器需要具备良好的污泥截留的性能，以确保拥有足够的生物量；需要生物污泥与进水基质的充分混合，以确保微生物能够充分利用其活性降解水中的基质。

Lettinga（1997）在展望未来厌氧反应器发展动向时指出，现有的各类高效厌氧反应器中，上流式污泥床系统是最受欢迎的，也是最有发展前途的，目前上流式厌氧污泥床（UASB）系统在全球范围的风行就是很好的例证。关于新型高效反应器的发展方向，Lettinga 提出了一个分阶段多相厌氧反应器 SMPA（staged multi-phase anaerobic reactor）。SMPA 的理论思路是：①该工艺将适于各类温度条件，从低温到高温均可运行；②对于各种含抑制性化合物的工业废水也能适应；③在各级单体中培养出合适的厌氧细菌群落，以适应相应的底物组分及环境因子；④防止在各个单体中独立发展形成的污泥互相混合；⑤各个单体内的产气相互隔开；⑥工艺流程整体为推流。

从上述思路可以看出，SMPA 的理论依据来源于对厌氧降解机理的最新理解。Lettinga 曾指出，产甲烷菌在有氧状态下也能保持其活性，而且通过兼性层的屏蔽不会与氧接触。因此，在厌氧反应器中引入好氧单元对反应器的性能可能会有较大的改善。综合 SMPA 和 ABR 的工艺特点以及改进 ABR 使其适于处理稠油废水的需要，设计新型厌氧 – 好氧复合折流式反应器（anaerobic- oxic baffled reactor，AOBR）的思路是：①在各个分格室中培养出合适的微生物群落；②使各个分格室中独立发展形成的活性污泥实现优化组合；③厌氧分格室中产生的气体相互分离；④工艺流程总体上是推流，单个格室为完全混合流；⑤反应器可以很好地降解不同基质源的 SMP；⑥具有同时除磷脱氮的功能；⑦对低浓度难降解（或有抑制性化合物）有机废水也能适应。

2. 结构设计

AOBR 分为 8 个格室（图 7-8），其上下流室水平宽度之比为 4:1，前 6 个格

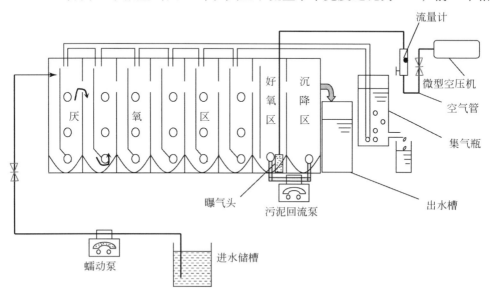

图 7-8　AOBR

室每格室顶部设集气管并接入水封以确保其厌氧条件。反应器所有格室底部均设计成弧形,以减少水力和污泥的死区,污泥采样点设在距反应器底部5cm处,水质采样点设在距上流室出水口2cm处,运行期间室温变化范围为20~30℃。

3. 污泥接种

接种污泥的性能对AOBR能否顺利启动起着决定性作用,为了确保证反应器的顺利启动,我们在AOBR的厌氧区接种了稠油废水厌氧塘底泥和城市污水处理厂消化污泥的混合污泥。污泥取回后,将两种污泥按1:5的体积比混合,去除较大的无机颗粒杂质和上清液后,将混合污泥接入AOBR的厌氧区,厌氧区各格室所装污泥的量均为各格室的2/3,其余部分采用稠油废水填充,此时各格室污泥浓度约为16g/L左右。

密封10d后开始引入稠油废水进行启动驯化,同时监测进出水指标及反应器污泥性能的变化,直至成功启动。启动初期,因种泥活性和沉降性能不佳,选取适宜的水力负荷尤为重要,它不仅能确保微生物与食物充分接触,还能防止种泥的流失,这对反应器各流室积累大量沉降性能良好的活性污泥至关重要。同时选择适宜的水力负荷避免泥水发生分层,防止沟流发生,保持温度均一,尽量减少死角,并适时将老化污泥浮选出上流室。

好氧区的污泥取自稠油污水处理兼性塘底泥和城市污水处理厂的曝气池。取自污水处理厂的曝气池的活性污泥呈黄褐色,沉淀性能良好,适于作接种污泥使用。污泥取回后,首先将两种污泥按1:10混合,并进行必要的浓缩,撇除上清液后将部分浓缩污泥装入反应器的好氧区,接种量为好氧区有效体积的2/3,其余部分用稠油废水填充,使好氧区的污泥浓度约为13g/L,闷曝10d后承接厌氧区出水进行启动驯化。

4. 启动过程控制

通过向稠油废水中投加营养物,改善稠油废水的营养配比。选择氮磷等营养物质含量丰富且廉价易得的模拟养鸡场废水(由干鸡粪有机肥制得)为营养调控物,对稠油废水进行了营养调控。营养调控物的选取充分考虑经济、易得、营养物丰富等因素,选取了辽河油田曙光养鸡场生产的纯干鸡粪有机肥配置而成的模拟养鸡场废水作为稠油废水的营养调控物。模拟养鸡场废水的制备过程,将150g去杂质的纯干鸡粪有机肥投入到30L自来水中浸泡3d,取上清液作为模拟养鸡场废水。

AOBR启动运行阶段养鸡场废水与低浓度稠油废水的体积比$V_Q:V_C=1:4$,反应器启动驯化仍采用改变HRT的启动方式。启动阶段共经历了90d。开始时反应器厌氧区的容积负荷率为0.20kg COD/($m^3 \cdot d$)、水力停留时间96h,好氧区的水力停留时间

16h。AOBR 运行 15d 后，将厌氧区 COD 容积负荷提高到 0.27kg COD/(m³·d)、水力停留时间为 72h，好氧区的水力停留时间为 12h。为了考察 AOBR 处理调控稠油废水的启动特性，从反应器启动 32d 开始对 COD、BOD₅、pH 等进行了检测。

在启动 44d 时发现第 6 格室有少量气泡产生，镜检发现各格室中都有颗粒污泥产生。此时，将 AOBR 厌氧区 COD 容积负荷提高到 0.33kg COD/(m³·d)、水力停留时间为 60h，好氧区的水力停留时间为 10h。容积负荷调整 1 周后 AOBR 出水水质达到稳定，在启动运行第 60d 时我们又将厌氧区 COD 容积负荷提高到 0.40kg COD/(m³·d)、水力停留时间为 48h，好氧区的水力停留时间为 8h。在反应器容积负荷调整初期，厌氧区受到冲击，导致反应器各格室 pH 均有不同程度的上升，出水 COD 变化较大，不仅厌氧区去除率很低，好氧区的去除率也受到影响，在这种条件下继续运行 15d 后反应器的活性得到恢复，AOBR 成功启动。

7.3.2　AOBR 启动特性

1. 酸碱度

启动阶段调控稠油废水的 pH 在 7.2 ~ 7.8，各格室 pH 的变化随水力停留时间的变化而变化。在整个启动阶段的稳定运行期，第 1、2、3、4 格室 pH 的下降幅度相对较大，第 5、6 格室则随水力停留时间的增加而不断下降。从图 7-9 可以看出，AOBR 的 1 ~ 4 格室的 pH 依次下降，5、6 格室略有上升，说明 AOBR 仍具有酸化潜力。

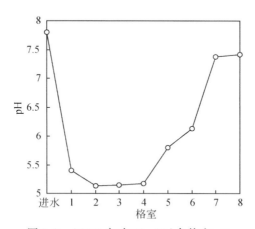

图 7-9　AOBR 启动 76 ~ 90d 各格室 pH

2. COD

尽管 AOBR 启动期间的冲击负荷较大［厌氧区 COD 容积负荷从 0.20kg

COD/（m³·d） 逐渐增加到 0.40kgCOD/（m³·d）］，AOBR 启动阶段稳定运行
期间的 COD 去除率仍稳定在 80％ 以上。启动 76～90d 时 AOBR 进水 COD 浓度
为 655 mg/L，出水 COD 浓度的平均值为 78 mg/L，去除率高达 87.85％ ［图 7-
10 （a），（b）］。

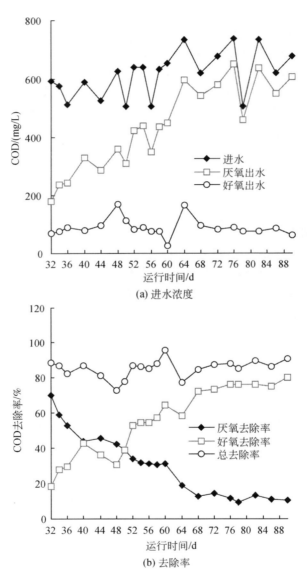

(a) 进水浓度

(b) 去除率

图 7-10　AOBR 启动阶段进出水 COD

启动阶段，AOBR 进水 COD 相对稳定的情况下，厌氧区出水 COD 不断增加，启动 76～90d 时，厌氧出水的 COD 的去除率只有 11.25%，表明 AOBR 的厌氧区已经很好地控制在水解酸化段。与厌氧区去除率不断下降截然相反，好氧区的去除率在整个启动阶段都在不断增加，在启动 76～90d 时达到最优，此时好氧区 COD 去除率占总去除率的 87% 左右。

启动阶段，厌氧区和好氧区对 COD 去除率的变化具有明显的规律性，即启动初期厌氧区的去除率较高，好氧区的去除效率较低，启动后期反应器的酸化现象较为明显，厌氧区的去除率较低，好氧区的去除率大幅度升高。

3. BOD_5

AOBR 处理调控稠油废水的启动经历了 3 个不同水力停留时间的稳定运行阶段。期间，BOD_5 与 COD 降解规律的不同之处在于，BOD_5 在每个启动阶段稳定运行期的出水水质和总去除率都比较稳定，且 AOBR 对 BOD_5 的去除率明显高于 COD，一直稳定在 90% 以上 ［图 7-11（a），（b）］。在启动阶段，AOBR 厌氧区出水 BOD_5 不断增加，去除率不断减小，启动运行 76d 时，厌氧区出水 BOD_5 与反应器进水相比几乎无变化。

4. BOD_5/COD 比

从图 7-12 可知，启动运行阶段调控稠油废水的 BOD_5/COD 比呈明显的规律性变化，当水力停留时间为 72h 时，厌氧出水的 BOD_5/COD 比明显降低，此时调

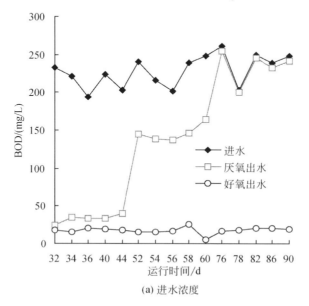

(a) 进水浓度

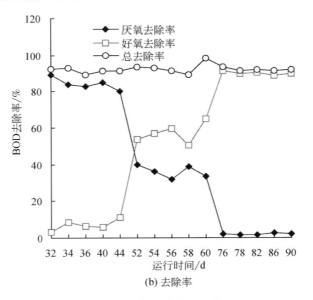

图 7-11 AOBR 启动阶段进出水 BOD₅

控废水中的大部分 COD 和 BOD₅ 都是在厌氧区被去除的；当水力停留时间减少到60h 时，厌氧出水的 BOD₅/COD 比与反应器进水基本持平，此时调控废水中的 COD 和 BOD₅ 在厌氧区和好氧区的去除效率差异很小；当水力停留时间再次减少到48h 时，厌氧出水 BOD₅/COD 比较反应器进水明显增加，此时，调控废水中的

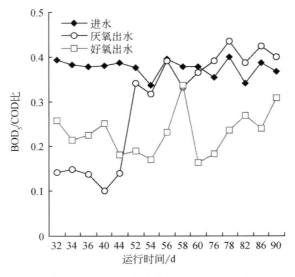

图 7-12 AOBR 启动阶段 BOD₅/COD 比

COD 和 BOD$_5$ 的绝大部分都是被好氧区去除的，厌氧区的去除效率小于 10% 。AOBR 启动运行 76～90d 时，进水 BOD$_5$/COD 比为 0.36，厌氧出水的 BOD$_5$/COD 比提高到 0.42，好氧区对 COD 和 BOD$_5$ 的去除效率显著提高。

7.3.3　AOBR 运行特性

根据 AOBR 的运行情况，逐步改变养鸡场废水（V_Q）与稠油废水（V_C）的体积比。其中，针对 COD 浓度低于 1000 mg/L 稠油废水，配比从 $V_Q : V_C = 1:4$，逐步降低为 1:6、1:8、1:10、1:12 和 1:14；针对 COD 浓度高于 1000mg/L 稠油废水，研究了 1:4 和 1:8 两种配比。

1. COD 和 Oil 降解

当厌氧区水力停留相同时（厌氧水力停留时间为 72h），AOBR 对调控稠油废水（COD < 1000mg/L）COD 的去除率随着稠油废水所占比例的增加而减小，但厌氧区和好氧区的变化规律恰好相反，厌氧区对 COD 的去除率随着稠油废水所占比例的增加而增加，好氧区则随着稠油废水所占比例的增加而减小，此时好氧区的去除贡献占绝对优势，使得反应器出水表现出与好氧区相同的变化规律 ［图 7-13（a）］。而 AOBR 对 Oil 的去除率，随着稠油废水所占比例增加并无明显变化，但厌氧区的去除率随稠油废水的增加而略有增加，好氧区则略有减小 ［图 7-13（b）］。

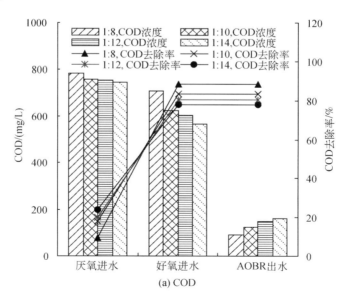

(a) COD

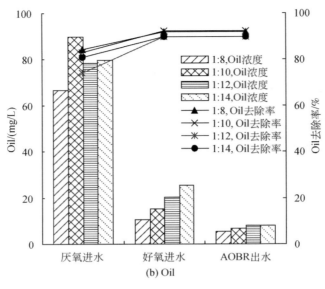

图 7-13　稠油废水（COD < 1000mg/L）不同配比的 COD 和 Oil

当厌氧区水力停留相同时（厌氧水力停留时间为 72h），不论调控稠油废水（COD > 1000mg/L）中稠油废水所占比例怎样变化，AOBR 厌氧区对 Oil 的去除率都稳定在 88% 以上，但好氧区的去除率则随着稠油废水所占比例的增加而略有降低 [图 7-14（a），（b）]。在厌氧区 COD 的去除率随着稠油废水所占比例的增加而增加，好氧区则恰恰相反。

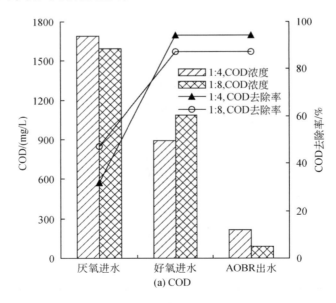

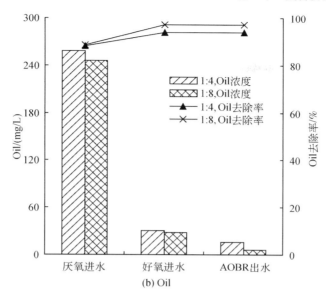

(b) Oil

图 7-14　稠油废水（COD > 1000mg/L）不同配比的 COD 和 Oil

2. C/N/P 比演化

AOBR 处理稠油废水（COD < 1000mg/L）$V_Q : V_C = 1 : 8$ 时［图 7-15（a）］，厌氧区 BOD_5/NH_4^+ 比的变化与水力停留时间有关，当水力停留时间较长时，BOD_5/NH_4^+ 比的变化较明显，而水力停留时间较短时，BOD_5/NH_4^+ 比的变化并不

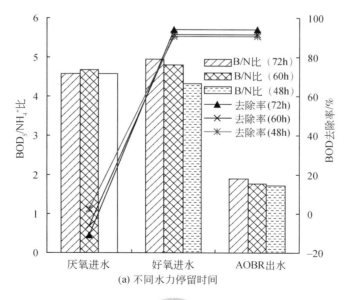

(a) 不同水力停留时间

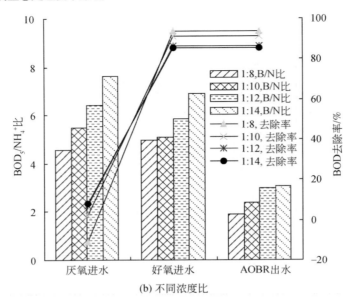

(b) 不同浓度比

图 7-15　BOD$_5$/NH$_4^+$ 比与 BOD$_5$ 去除率

明显。水力停留时间相同的情况下（厌氧水力停留时间为 72h），厌氧区出水 BOD$_5$/NH$_4^+$ 比因稠油废水所占比例的不同而有较大的差异，随着进水稠油废水所占比例的增加，厌氧区出水 BOD$_5$/NH$_4^+$ 比明显减小 ［图 7-15（b）］。

在 AOBR 进水 COD/TN 比相同（V_Q:V_C=1:8）的情况下 ［图 7-16（a）］，厌氧

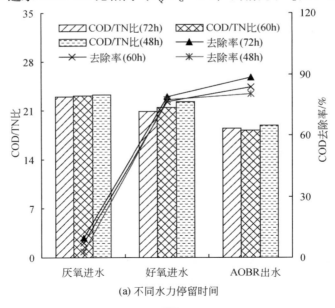

(a) 不同水力停留时间

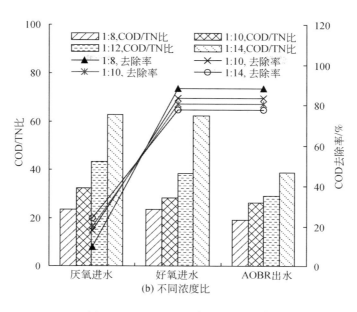

图 7-16　COD/TN 比与 COD 去除率

区和好氧区对 COD 的去除率均随着水力停留时间的增加而增加。AOBR 水力停留时间相同（厌氧水力停留时间为 72h）的情况下［图 7-16（b）］，AOBR 好氧区出水 COD 的去除率对 COD/TN 比的变化比较敏感，由于反应器进水 COD/TN 比均超过 20（100∶5），所以 COD/TN 比越大对 COD 的去除越不利，相应的去除率越低。AOBR 厌氧区出水 COD 的去除率与好氧区相反，随着 COD/TN 比的增大 COD 去除率也随之增大。

　　调控稠油废水的配比（$V_Q : V_c = 1:8$），COD/TP 比为 100∶1 的情况下［图 7-17（a）］，AOBR 的好氧区和厌氧区对 COD 的去除率均随着水力停留时间的减小而下降，但是即使在厌氧区的水力停留时间为 48h 时，COD 去除率仍稳定在 77% 以上。水力停留时间不变（厌氧水力停留时间为 72h）时，AOBR 好氧区出水 COD 的去除率对 COD/TP 比的变化比较敏感，由于反应器进水 COD/TP 比均在 100 以上，所以 COD/TP 比越大对 COD 的去除越不利，相应的去除率也就越低［图 7-17（b）］。AOBR 厌氧区出水 COD 的去除率对 COD/TP 比的变化虽然也比较敏感，但是其去除效果与好氧区有所不同，随着 COD/TP 比的增大 COD 去除率也随之增加，这种变化趋势同 COD/TN 比与 COD 去除率的变化一致。

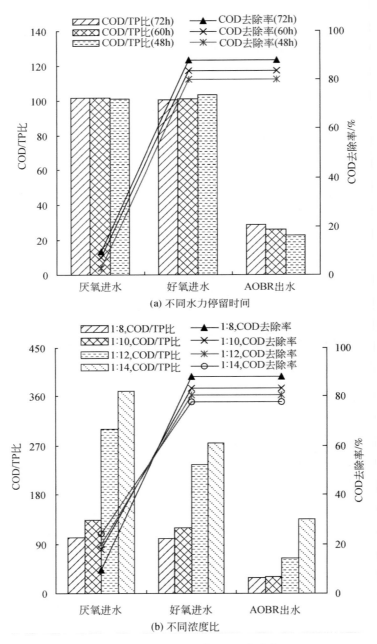

(a) 不同水力停留时间

(b) 不同浓度比

图 7-17　COD/TP 比与 COD 去除率

7.3.4　颗粒污泥特性

镜检发现，AOBR 启动运行至第 44d 时，各格室中形成了沉降性能良好，外观由灰白、暗红至黑色，粒径大小不等的松散性棒状污泥及结构较为紧密的球状颗粒污泥（图 7-18 ~ 图 7-20）。反应器中的颗粒污泥以松散形为主，外观多呈暗红色。第 1、2、3、4 格室的颗粒污泥比重较大，颜色也较深，颗粒结构相对较为紧密，第 5、6 格室的球状颗粒污泥很少，几乎都是松散结构的棒状污泥。各格室的絮状污泥大部分悬浮在反应器的三分之二处，而颗粒污泥则位于底部三分之一处，形成稠密的污泥层。

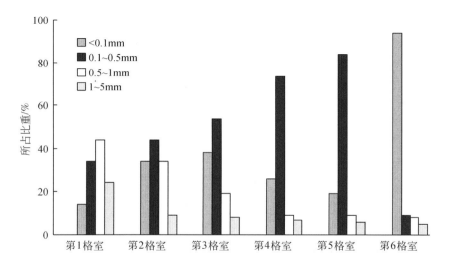

图 7-18　AOBR 厌氧区颗粒污泥的粒径分布

不同格室中污泥浓度有较大差异，其中第 3 格室中的浓度最高达 15g/L。第 1 至第 3 格室呈递增趋势，第 4、5、6 格室依次下降（图 7-21）。说明第 1、2 格室中的水解作用较强，由于水解过程是耗能过程，其付出能量进行水解的目的是为了取得能进行发酵的水溶性基质，并通过胞内酶的生化反应取得能源，同时产生 SMP 等代谢产物。当废水中不溶性基质较多而溶解性基质较少时，水解菌的生长将会受到抑制。但实际上，在厌氧条件下的混合微生物系统中，即使严格地控制运行条件，也难以将水解和酸化作用截然分开，而酸化作用可为水解菌提供其生长所需要的能量。

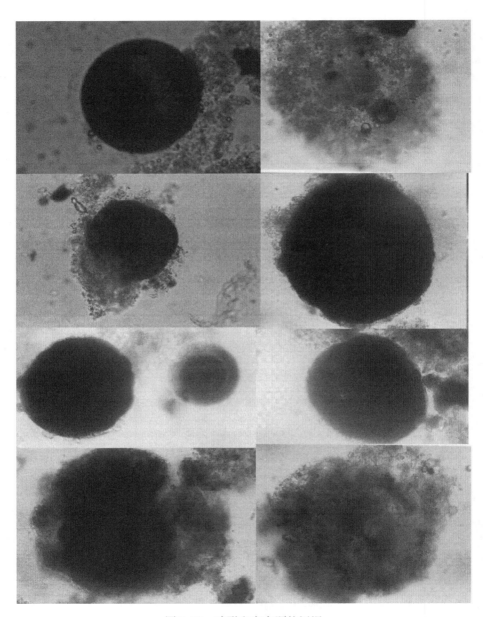

图 7-19　球形和密实颗粒污泥

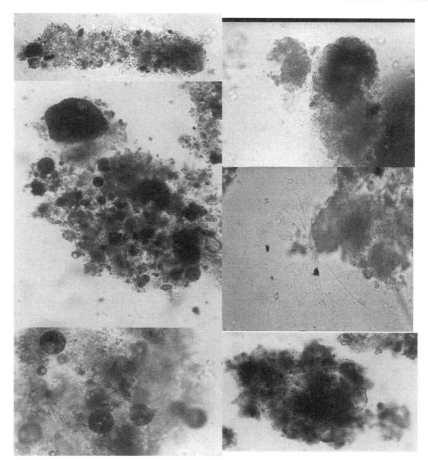

图 7-20　棒状和松散颗粒污泥

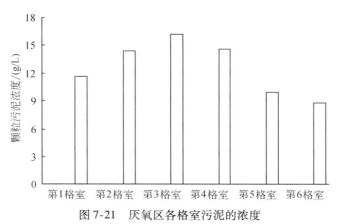

图 7-21　厌氧区各格室污泥的浓度

第8章 多介质复合折流生物反应器

8.1 概 述

折流生物反应器因其具有较长的生物停留时间、较好的抗有机负荷冲击能力和厌氧过程可分相等诸多优点而备受关注。然而，厌氧折流反应器很难实现同时除碳脱氮，使其在分散污水处理中的进一步应用受到制约。为了增强厌氧折流反应器去除有机物的性能，近年来提出了多种形式的复合厌氧反应器，其在厌氧折流反应器各反应室的适当位置设置填料，可利用原有的无效空间增加生物总量，并可利用填料加速污泥与气泡分离，降低污泥流失，分段多相，混合流态处理。该反应器可根据需要灵活地调节组合单元数，并使微生物在相对独立、稳定的环境中挂膜生长。而水流局部混合和整体推流的流态，有利于提高系统的处理效果和运行的稳定性，能耗低，具有比其他 ABR 更为优越的特性，但是单一的 CABR仍然无法实现深度脱氮。为了增强 ABR 的同时脱碳除氮效果，许多研究集中在将 ABR 和其他好氧反应器的联合使用方面，如厌氧折流板反应器/好氧活性污泥、厌氧折流板反应器/好氧生物膜反应器，它们都能够实现同时除碳脱氮，在污水处理领域具有良好的应用前景。

8.2 MHBR

8.2.1 反应器设计

多介质复合折流生物反应器（MHBR）的结构与流程如图 8-1 所示，MHBR由依次串联的 5 个格室构成，前 3 个格室为厌氧上流式活性污泥单元（YY_1，YY_2，YY_3），其中第 3 格室的上部设有三相分离器；第 4 和第 5 格室为好氧单元（HY_1，HY_2），其中填充网状生物填料，填充率为 30%，构成好氧浮动床生物反应器。MHBR 5 个格室均为下进水上出水，各个格室之间以折流式进水管相连，5 个格室的规格均为长×宽×高 =1m×1m×2m，有效容积为 2m³。

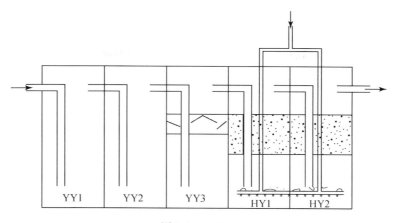

图 8-1　MHBR

8.2.2　运行控制

生活污水来源里的中国国家水利部北京顺义灌溉排水示范基地，在试验期间，日均排放生活污水约 24m³，污水的 pH 为 6.5 ~ 7.5，水温为 18 ~ 25℃，其他水质指标见表 8-1，试验期间未对 MHBR 进行温度控制。

表 8-1　MHBR 运行参数

运行阶段	运行日期	水力负荷/[m³/(m²·d)]	COD 浓度/(mg/L)	NH₄⁺ 浓度/(mg/L)	TP 浓度/(mg/L)
S1	2009.7.4 ~ 2009.7.31	12	18.99 ~ 226.5	19.6 ~ 42.3	0.5 ~ 1.5
S2	2009.8.5 ~ 2009.8.31	24	156.8 ~ 244.9	30.5 ~ 75.9	1.6 ~ 2.9
S3	2009.9.7 ~ 2009.9.28	24	357.8 ~ 436.7	88.2 ~ 171.2	5.3 ~ 5.6

　　MHBR 1 ~ 3 格室采用中国北京首都机场污水处理厂的二沉池污泥作为接种污泥，3 个格室的接种量均为 1m³，污泥一次投加到反应器底部，然后浸泡 7d；MHBR 的 4 ~ 5 格室接种微生物菌剂，然后闷曝 7d，期间 DO 控制在 2 ~ 4mg/L，曝气方式为间歇式，每 150 min 曝气 70 min。启动运行阶段为连续进水运行，日处理水量控制在 6m³/d，其他运行条件保持不变。此后，试验过程又经历了 3 个不同阶段，分别是水力负荷 12m³/(m²·d) 阶段（S1），24m³/(m²·d) 运行阶段（S2）和人工调控污染负荷运行阶段（S3），相关参数见表 8-1。在 S1、S2 和 S3 阶段中，每周采集一次水样，测定 MHBR 各格室进出水的 pH、COD、NH_4^+、NO_2^-、NO_3^- 等指标，分析不同运行条件下 MHBR 去除农村生活污水中有机物和氨氮的效果。

8.3 污染物降解效率

8.3.1 COD 降解

MHBR 启动成功后的稳定运行阶段（7 月），厌氧单元出水 COD 稳定在 100mg/L 以下，平均去除率为 46%；好氧单元出水 COD 稳定在 50mg/L 以下，HBR 平均去除率为 82%；此时，MHBR 出水 COD 平均值达到了《城镇污水处理厂污染物排放标准》一级 A 标准。水力负荷提高 1 倍后的稳定运行阶段（8 月），厌氧单元出水 COD 平均值仍在 100mg/L 以下，平均去除率下降至 40%；好氧单元出水 COD 平均去除率仍在 50mg/L 以下，MHBR 平均去除率提高至 91%，出水 COD 平均值仍能够满足《城镇污水处理厂污染物排放标准》一级 A 标准。在 COD 容积负荷提高约 1 倍的第三运行阶段（9 月），MHBR 受到很大冲击，在一个月后仍未达到稳定，MHBR 平均去除率还不到 27%，出水 COD 平均值无法满足《城镇污水处理厂污染物排放标准》二级标准（图 8-2）。

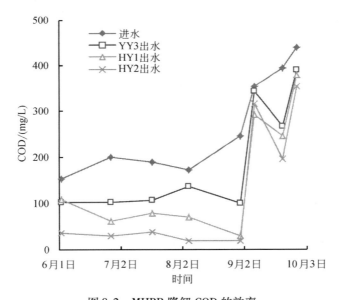

图 8-2 MHBR 降解 COD 的效率

可见，MHBR 处理生活污水时，在厌氧和好氧水力负荷分别为 4 m³/（m² · d）和 6 m³/（m² · d），有机物容积负荷分别为 0.84 kg COD/（m³ · d）和 1.25 kg COD/（m³ · d）时达到最佳处理效果，出水水质满足《城镇污水处理厂污染物排放标准》一级 A 标准。

8.3.2　氮磷转化

MHBR 启动成功后，7 月和 8 月，两种不同水力负荷情况下运行的 MHBR 出水 TN 稳定在 25mg/L 以下，去除率分别为 44% 和 70%。在 TN 容积负荷提高约 1 倍后，9 月出水 TN 去除率下降至 56%〔图 8-3（a）〕。

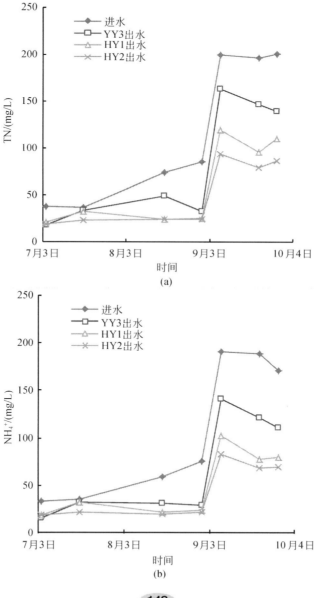

(a)

(b)

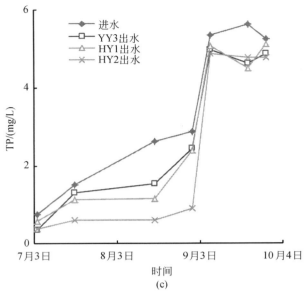

图 8-3　MHBR 去除氮磷的效率

MHBR 启动成功后，7 月和 8 月，两种不同水力负荷情况下运行的 MHBR 出水 NH_4^+ 也稳定在 25mg/L 以下，去除率分别为 41% 和 69%，略低于 TN 的去除率，达到《城镇污水处理厂污染物排放标准》二级标准。在 NH_4^+ 容积负荷提高约 1 倍后，9 月出水 TN 和 NH_4^+ 去除率下降至 60%，出水氨氮无法满足《城镇污水处理厂污染物排放标准》二级标准 [图 8-3（b）]。

MHBR 启动成功后，7 月和 8 月，两种不同水力负荷情况下运行的 MHBR 出水 TP 稳定在 1mg/L 以下，去除率分别为 60% 和 73%，达到《城镇污水处理厂污染物排放标准》一级 B 标准。在 TP 容积负荷提高约 1 倍后，9 月出水 TP 去除率下降至 11%，无法满足《城镇污水处理厂污染物排放标准》二级标准 [图 8-3（c）]。

8.4　厌氧污泥特性

8.4.1　表观形态

从 SEM 图可知，在 MHBR 的 3 个格室中，污泥样品的微观形态都比较相近，均呈不规则状，污泥表面较为粗糙。在污泥中，除大量细菌外，还发现大量硅藻，主要是羽纹硅藻纲和中心硅藻纲（图 8-4）。

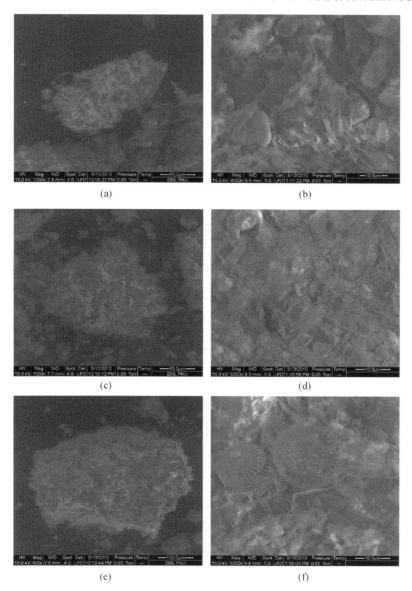

图 8-4　MHBR 厌氧格室污泥的 SEM 图

注：（a）~（b），YY1；（c）~（d），YY2；（e）~（f），YY3

8.4.2　元素组成

MHBR 厌氧格室污泥的化学组成比较相近，主要有 Mg、Al、Si、K、Ca、Fe、P、S、O 等元素（表 8-2 和图 8-5）。这些元素都是微生物生长繁殖所需的关键元素，对厌氧污泥的形成和稳定有着重要的影响。

表 8-2   MHBR 厌氧格室污泥的 XRF 分析结果   （单位:%）

元素	YY1	YY2	YY3
O	36.00	34.30	30.30
Mg	1.39	1.50	0.75
Al	5.65	5.46	4.36
Si	19.10	18.80	16.90
K	1.77	1.67	1.37
Ca	3.85	3.93	1.26
Fe	4.58	4.49	10.20
P	1.31	1.28	1.72
S	9.16	4.12	7.24

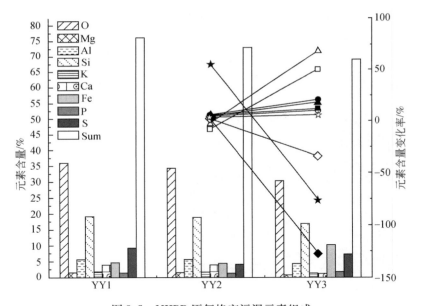

图 8-5   MHBR 厌氧格室污泥元素组成

分析发现，一些元素在 3 个格室污泥中的分布存在较大的差异。YY3 污泥的 Fe 含量为 YY1 和 YY2 的 2.3 倍；S 含量则沿水流方向先增加后减小，由 YY1 污泥的 9.16% 下降到 YY2 污泥的 4.12%，又上升到 YY3 中污泥的 7.24%；P 元素则在 YY3 存在释放现象，其含量增加约 40% 左右；其他元素的含量均随着厌氧格室的水流沿程顺序逐渐下降，YY3 污泥中的 Mg 元素约为 YY1 和 YY2 污泥的

50%，Ca 元素则减少了近70%，其余元素下降幅度在20%左右。一般认为，生物污泥中约含65%的有机质和35%的无机物，经过厌氧消化后，约有1/2~1/3 有机物被分解，因此，厌氧污泥中一般约含40%的有机质和60%的无机物，这与本研究中无机物总量约占65%~75%相近。

从表8-3 可知，能谱分析的结果与 XRF 的结果基本一致，Mg、Al、Si、P、S、K、Ca、Fe、Na 等元素的质量百分数（Wt%）和原子百分含量（At%）的变化趋势相同。

表8-3　MHBR 厌氧污泥元素组成能谱分析结果　（单位：%）

元素	YY1		YY2		YY3	
	Wt%	At%	Wt%	At%	Wt%	At%
MgK	2.25	1.94	2.47	2.12	1.27	1.12
AlK	8.65	6.72	8.62	6.66	6.62	5.25
SiK	22.56	16.84	25.29	18.77	21.55	16.43
P K	2.10	1.42	2.26	1.52	3.62	2.50
S K	1.21	0.79				
K K	2.46	1.32	1.96	1.05	1.45	0.79
CaK	4.40	2.30	3.91	2.03	2.03	1.09
FeK	5.21	1.96	4.55	1.70	10.05	3.85
NaK	1.23	1.12	0.99	0.90		
MoK					2.46	0.55

8.4.3　官能团组成

MHBR 厌氧污泥在3418~3427cm^{-1}处的吸收峰是有不同的羟基（—OH）和氨基（—NH$_2$）伸缩振动引起的。其中，羟基化合物包括水、醇、酚类等，但磷酸和羧酸二聚体除外，因为它们的羟基吸收峰处于较低的波数范围。另外，某些多糖类化合物的羟基特征峰也在3400 cm^{-1}附近出现。2925 cm^{-1}处左右以及2840cm^{-1}左右同时出现的峰，为脂肪族亚甲基（—CH$_2$）基团的体现。其中，2925 cm^{-1}附近为 C—H 键的伸缩振动峰，通常表现为脂肪酸、蜡类等脂肪族化合物的存在；2840 cm^{-1}附近为 C—H 和—CH$_2$ 的对称伸缩振动峰，通常表现为脂肪酸和烷烃类化合物的存在，因此，判断污泥中含有含—CH$_2$ 的烃类。1640~1650 cm^{-1}处为酰胺、酮、羧酸、醛类化合物中羰基（C=O）的伸缩振动峰。同时也有可能代表芳香化合物中的 C=C 双键。另外，伯酰胺在3460~3280 cm^{-1}处有特征峰，其 N—H 在1650~1590 cm^{-1}处有一个强的或中强的吸收峰（图8-6）。由此可见，污泥中可能含有伯酰胺类化合物。

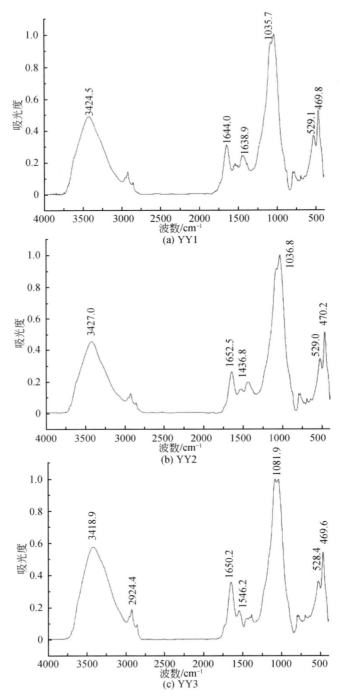

图 8-6　MHBR 厌氧污泥 FTIR 红外光谱

MHBR 厌氧污泥在 1540 cm^{-1} 左右的吸收峰为芳香环的 C ═ C 键的伸缩振动峰，1430 cm^{-1} 左右的吸收峰为羧基中的 C ═ O 键的伸缩振动所引起，或是由醇和酚中的羟基（—OH）的弯曲振动引起的。

MHBR 厌氧污泥在 900 ~ 1300 cm^{-1} 左右的吸收峰可能为以下几种：C—H 键的振动峰；醇类或者羧酸类的羟基（—OH）的弯曲振动峰，其中伯醇的吸收峰在 1075 ~ 1000 cm^{-1}；醚类化合物的芳香环上的 C—O 键的伸缩振动峰；氨基化合物中 N—H 键的伸缩振动峰；二氧化硅硅氧键的振动峰（Si—O—Si）；芳香醚；多糖的 C—H 键。1035 ~ 1081 cm^{-1} 的吸收峰说明污泥中有醚键（—O—）的存在。

MHBR 厌氧污泥在 1036 ~ 1030 cm^{-1} 处有峰证明污泥中有胺类化合物。其中，脂肪胺类的游离氨基波数约为 3400 cm^{-1}，而且，从图 8-6 中可以看到 1660 ~ 1550 cm^{-1} 有较强的 N—H 弯曲振动峰，因此，判断污泥中可能含有脂肪胺类的物质。结合不同吸收峰的特点可知，3 个污泥样品中 3418 ~ 3427cm^{-1} 处的吸收峰可能是羟基和氨基共同作用的结果，它们的主要特点是基团上的氢键易被去除从而表现出电负性，容易和正电荷发生反应。具有这些基团的化合物可能是醇类、脂肪胺类、多糖类化合物。

700 cm^{-1} 和 900 cm^{-1} 处的吸收峰均代表芳香族化合物的存在。

4000 ~ 1300 cm^{-1}（0.8 ~ 2.5μm）为官能团振动频率区，由两个原子组成的官能团的化学键的振动均在此区产生吸收。此区的峰用来初步确定化合物中的官能团种类。1300 ~ 625cm^{-1}（7.7 ~ 16μm）为指纹区，此区的峰除了由 C—C、C—O 单键伸缩振动和 C—H、C—O 等键弯曲振动产生的吸收之外，多数吸收峰是整个分子转动和原子间键振动的加和，故较难指定其归属。

根据红外光谱中吸收峰的位置和强度，可以初步认定 MHBR 厌氧污泥中存在石英或硅酸盐类、烃类、伯醇类、脂肪胺类、多糖类以及少量芳香族化合物。

8.5 好氧填料微观特性

8.5.1 表观形态

MHBR 好氧格室填充的固定化微生物的网状泡沫填料具有良好的微生物固定性能，好氧格室的填料表面吸附大量颗粒物［图 8-7（a），（b），（c），（d）］。尽管 2 个好氧格室进水污染物负荷存在显著差异，但是其表面的微观形态基本相似。从放大 250 倍的 SEM 图片（图 8-7）可以清楚看到填料表面大部分被一层膜状物质覆盖。

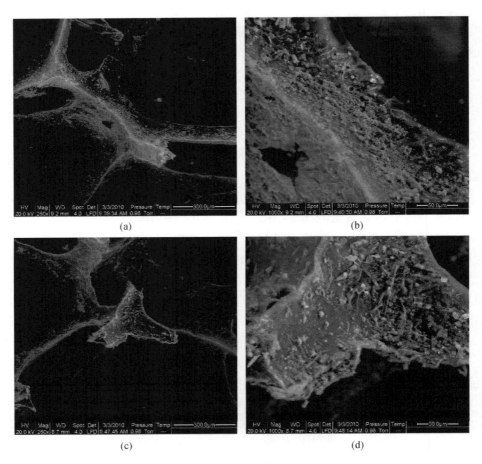

图 8-7　MHBR 好氧格室 SEM 图

注：(a) ~ (b)，HY1；(c) ~ (d)，HY2

8.5.2　微生物形态

　　MHBR 好氧格室大孔网状填料表面附着大量球状细菌，这些球状菌依靠胞外多聚物 EPS 胶黏在一起，形成优势菌菌胶团，它们也是好氧格室中的主要微生物群落 [图 8-8 (a)，(b)]。透射电镜分析表明 [图 8-8 (c)，(d)，(e)，(f)]，HY1 填料表面附着的生物膜以球菌和短杆菌为主要优势群落，而 HY2 填料表面附着的生物膜的内部球菌和弧菌占优势。

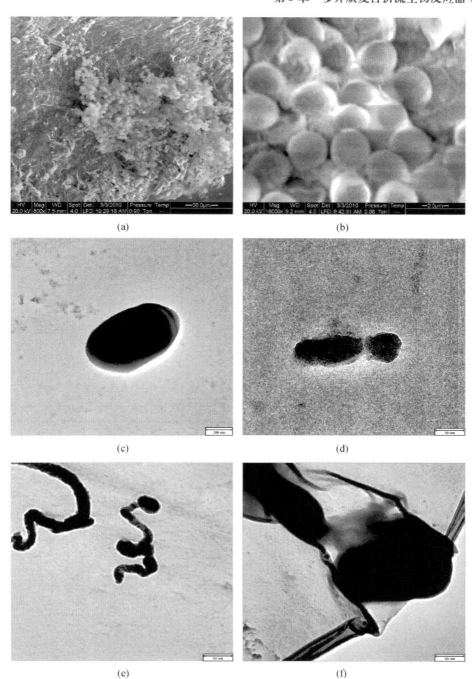

图 8-8 好氧格室生物膜 SEM 图和 TEM 图

注：（a）～（b），SEM 图；（c）～（f），TEM 图

8.6　微生物演化

8.6.1　微生物多样性

　　MHBR 的 5 个格室的 DGGE 条带都比较丰富，但不同格室条带的位置与信号强度存在明显差异 ［图8-9（a），（b）］。一般来说，变性凝胶电泳中每个独立分离的 DNA 片段，原理上可以代表一个微生物种属。电泳条带越多，说明生物多

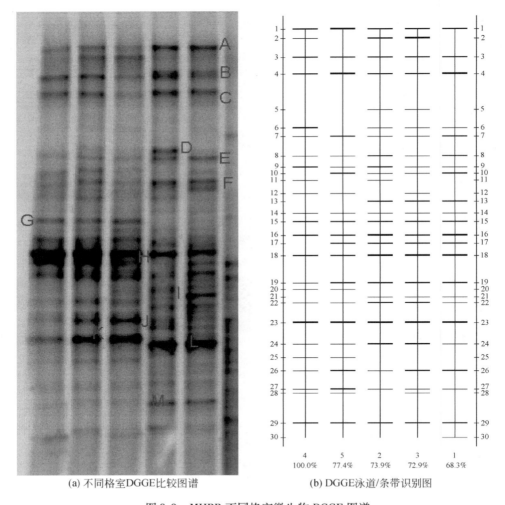

(a) 不同格室DGGE比较图谱　　　　　(b) DGGE泳道/条带识别图

图 8-9　MHBR 不同格室微生物 DGGE 图谱

样性丰富；条带信号越强表示该种属的数量越多。图 8-9 中的 DGGE 图谱共有 30
个明显条带，不同格室的条带数为 23～26（1 格室 25 条，2 格室 25 条，3 格室
26 条，4 格室 24 条，5 格室 23 条），不同格室间优势带及其分布的差别较为
明显。

根据 16S rDNA 测序结果，采用 Bio-Rad Quantity One 4.9 软件进行相似性矩
阵分析和同源性分析，得到 5 个格室微生物分布的密度曲线（图 8-10）、DGGE
聚类图（图 8-11）和 DGGE 相似性矩阵（表 8-4）。密度分布曲线反映各泳道中
特定条带的优势度，结合 DNA 比对结果，能够清楚地知道各格室中的优势菌群。

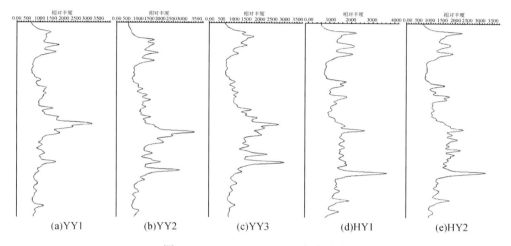

图 8-10　16S rDNA DGGE 密度曲线

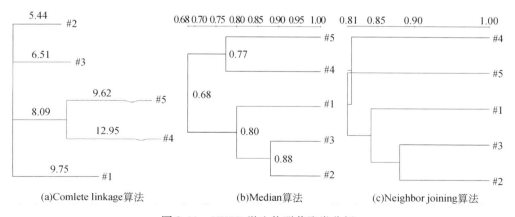

图 8-11　MHBR 微生物群落聚类分析

表 8-4　DGGE 图谱相似性矩阵　　　　　　（单位:%）

格室	1（YY1）	2（YY2）	3（YY3）	4（HY1）	5（HY2）
YY1	100	82.4	80	68.3	77.5
YY2	82.4	100	88	73.9	73
YY3	80	88	100	72.9	74.6
HY4	68.3	73.9	72.9	100	77.4
HY5	77.5	73	74.6	77.4	100

采用 Comlete linkage、Median 和 Neighbor joining 算法对 5 个格室微生物菌群进行聚类分析，结果较为一致，证明该分析结果的可靠性。

厌氧 1~3 格室微生物群落相似性较高，相似性系数均大于 80%（表 8-4）。沿水流方向，MHBR 各格室的相似性逐渐减小，即微生物群落沿程变化较大。此外，好氧格室与厌氧格室的 DGGE 图谱相似性较低，仅为 68.3% 和 77.5%，这表明 MHBR 厌氧和好氧格室的微生物群落差异显著。

8.6.2　微生物系统发育

条带测序共得到 13 个条带的序列（表 8-5 和表 8-6），13 个条带编号见图 8-9。一般认为，同源性小于 93% 可以认为发现了新的属（Willumsen et al.，2005）。图 8-9 和表 8-5 显示，大部分序列属于 α-proteobacteria，β-proteobacteria 和 γ-proteobacteria，其中，有 11 个序列与数据库序列的同源性大于 93%，而 Band G 和 Band K 未找到同源性大于 93% 的序列。

在 MHBR 厌氧污泥和好氧生物膜中，共同处于优势地位的条带有 Band B 和 Band C 等，它们与 α-proteobacteria 有最高的同源性，分别为 94% 和 100%，属于 α-proteobacteria 纲的 Comamonadaceae 属。关于 α-Proteobacteria 的研究较多，Yin 等（2009）曾在脱氮生物滤池中分离出该菌属，证实该菌与氨氧化菌作用类似。Carnol 等（2002）对 α-Proteobacteria 的氨氧化作用进行了深入研究，认为其是亚硝化作用的主导菌属。Liu 等（2005）在除磷的活性污泥中也分离出该菌属，说明该菌属中的某些菌群也具有除磷的功能。

表 8-5　16S rDNA 的 DGGE 的测序结果

条带	测序结果
A	TCGTAAGGAACACACTAAGTTACACGTAACTCTTTTTATTCCCTTACAAAAGAAGTTTACAATCCATAG AACCTTCTTCCTTCACGCGACTTGGCTGGTTCAGGCTCTCGCCCATTGACCAATATTCCTCACTGCTGCC TCCCGTAGGAGTA
B	AGCCTGATGCAGCCCGCCGCCTGAGTGAGAAGGCCTTCGGGTTGTAAACTCTTTCGTTAGGGAGGATG GGGATAAGAGAGTACAATTCTCAAGTGAGTTACCCTCACCAGAAGCGCCGGGTTACTCCCTGCCCGCC GCCCCGGGAATTA

续表

条带	测序结果
C	CAGCTGATGCAGCCATGCCGCGTGAGTGAGAAGGCCTTCGGGTTGTAAAGCTCTTTTTTTAGGGAGAAGGGGAGGGCGTGTACCTTTTTGTATGGACTGTACCAATAAACAACGCCTAACTCCAAGCCGGGCCCCGCGGCGCTGTAATAA
D	AGGTTTGTAAATTATCCTCATTACACTTCTCAACATAGTCGAGAGTTGTTATTTCTTGTCACTGCCTCCCTGAATCAGGATTGGGCAATTTTCGCGCCTGCTGCCTCCCGTAGGAGTA
E	AGCCTGATGCAGCAACGCCGCGTGAGTGATGAAGGCCTTCGGGTTGTAAAGCTCTTTCATTTGGGACGAACGTCTTTTTTCTAATTCGCGACAGATTTGACCTGACCCTGAAAAAAAGCCCCCGGCTAATCCCTGGCCCCCGCCCCGAGAATAA
F	AGCCTGATGCAGCAATGCCGCGTGAGTGATGAAGGCCTTCGGGTTGTAAAGCTCTTTCATTTGGGACGAACGTGCTCTTTCTGATTCATGAGGAGTATGGCCGGTCCCTGCCTAAAACCCCCGGCTAATTCCGGGCCGCCGCCCCGGGAATAA
G	AGCCTGATGCAGCCACGCCGCGTGAGTGAAGAAGGCCTTCGGGTTGTAAGCTCTTTCTTTAGGGAGGAAGGGTTGATGAGTAATAGCATCAACCTTGACGTTACCTACCCAAGAAGCCCCGGCTAACTCCATGCCAGCAGCCGCGGTAATAA
H	CTGCCGGTACCGTCATTAGCCTCCCGTATTAGGGAAGACCTCTTCGCCCCTTACGAAGCGGTTTACAACCCGAGGGCCTTCTTCCTGCACGCGGCATTGCTGGATCAGGCTTGCGCCCATTGCCCAAAATTCCCCACTGCTGCCTCCCGTAGGAGTAA
I	TCTCTGTGGGTACCGTCAATGCTGATGCGTATTAGACATCATCCCTTCCTCCCCACTGAAAGTGCTTTACAACCCGAAGGCCTTCTTCACACACGCGGCATGGCTGCATCAGGGTTTCCCCCATTGTGCAATATTCCCCACTGCTGCCTCCCGTAGGAGTA
J	TCTGTAGATACGTCAATGTTGAAGCATATTATACATCACCCCTTCCTCCCTACTGACAGAGCTTTACAACCCGAAGGCCTTCTTCACTCACGCGGCGTGGCTGCATCAGGGTTTCCCCCATTGTGCAATATTCCCCACTGCTGCCTCCCGTAGGAGTA
K	GGGGGAACCCTGATGCAGCCACGCCGCGTGAGTGAAGAAGGTCTTCGGATTGTAAAACTCTGTCTTTGGGGACGATAGGGAGAGGACCCAAGGAGGAAGCCACGGCTATTTCCGTGCCAGCAGCCGCGGTATTACTCCGTGCCAGCAGCCGCGGTAATAA
L	GGTACCGTCATTATCTTCCCAACTGAAAGTGCTTTACAACCCGCAGGCCTTCTTCACACACGCGGCATTGCTGGATCAGGCTTGCGCCCATTGTCCAATATTCCCGACTGCTGCCTCCCGTAGGAGTACCCACCGCCGCCTCCCGGAAGAGTAA
M	GGTACCGTCATTCCGCCCATTTCCTGACGTGTTCGTTCGTCCCTGATGACAGAGCTTTACGACCCAAGGGCCTTCATCACTCACGCGGCGTTGCTCCGTCAGACTTTCCTCCATTGCGAAAGATTACCCACTGCTGCCTCCCGTAGAGTA

表 8-6   DNA 序列同源性分析结果

条带	同源性最近序列	长度/bp	相似性/%	菌纲
A	*Bacterium* E53 16S ribosomal DNA gene, partial sequence	152	99	
B	Uncultured *alpha proteobacterium* clone 919-C2 16S ribosomal DNA gene, partial sequence	149	94	*α-proteobacteria*
C	Uncultured *alpha proteobacterium* isolate DGGE gel band CAPn30 16S ribosomal DNA gene, partial sequence		100	*α-proteobacteria*
D	*Zoothamnium* sp. JCC-2006-4 18S small subunit ribosomal DNA gene, partial sequence	118	98	
E	Uncultured *Clostridiaceae* bacterium clone Plot18-D05 16S ribosomal DNA gene, partial sequence	154	97	*β-proteobacteria*
F	*Diaphorobacter* sp. EU341144.1	144	95	*β-proteobacteria*
G	Uncultured bacterium clone BTX10 EF488244.1	152	87	
H	Uncultured *Comamonadaceae* bacterium clone LW9m-6-22 16S ribosomal DNA gene, partial sequence		94	*β-proteobacteria*
I	Uncultured bacterium clone RW0602 16S ribosomal DNA gene, partial sequence	161	98	
J	*Tolumonas auensis* DSM 9187 strain TA 4r 16S ribosomal DNA, complete sequence	158	93	*γ-proteobacteria*
K	Uncultured bacterium isolate DGGE gel band DB17 16S ribosomal DNA gene, partial sequence	160	91	
L	Uncultured *Thiotrichales* bacterium clone MS4-42 16S ribosomal DNA gene, partial sequence	154	98	*γ-proteobacteria*
M	Uncultured *Firmicutes* bacterium 16S rDNA gene from clone QEDN2BB09	150	94	*Firmicutes*

此外，Band E 与 Band F 也是厌氧污泥和好氧生物膜中共同处于优势地位的条带，它们与 *β-proteobacteria* 纲的 *Clostridiaceae* 属和 *Diaphorobacter* sp. 有最高的同源性（97% 和 95%）。关于 *Clostridiaceae* 的报道较多，它是一种人类排泄物中的主要菌群（Eckburg et al.，2005），这一点与生活污水的来源相吻合。Lee 等（2008）在处理高浓度有机废水的厌氧序批式反应器中也曾分离到 *Clostridiaceae*。Eltaief Khelifi 等采用厌氧发酵反应器处理工业染料废水中发现，*Clostridiaceae* 具

有发酵和脱硫作用。*Bozic* 等（2009）研究了 *Clostridium* sp. 在厌氧发酵中的作用，证实其在厌氧条件下具有很强的降解能力。而 *Diaphorobacter* sp. 具有诱导同步硝化反硝化的功能（Khardenavis et al.，2007）。在污水处理厂的活性污泥中的 *Diaphoraobacter* sp. 也是优势菌群，且主要起反硝化作用，这就是说，由于 MHBR 中 *Diaphoraobacter* sp. 的大量存在，使 NH_3-N 通过硝化作用被降解，同时产生的 NO_3-N、NO_2-N 又被反硝化过程转化，从而使得 MHBR 具有较好的 TN 脱出效率。此外，Tan 等（Tan and Ji，2010）在 70°C 超声强化厌氧反应器的污泥中也发现了 *Diaphoraobacter* sp.，并证实其是降解有机物的优势菌。

Band D 也是共同存在于厌氧和好氧格室中的优势微生物，它与原生生物钟形虫（*Zoothamnium* sp.）的同源性最高，达到 98%。*Zoothamnium* sp.、*Acineta-tuberosa* 和 *Euplotes* sp. 都属于指示生物（Salvado et al.，1995），代表水质和微生物多样性都很好，说明厌氧和好氧格室的微生态系统都很稳定。

Band G、Band J 和 Band K 是厌氧污泥特有优势菌。Band J 与 *Tolumonas auensis* 的同源性为 93%。*Tolumonas auensis* 是一种 γ-*proteobacteria* 菌，多出现在淡水底泥中，为革兰氏阴性杆菌，是一种兼性厌氧菌，可以在厌氧环境下以糖类为底物生存，可见它是 MHBR 厌氧格室糖类代谢的主要菌群。Band G 和 Band K 与未培养的 Uncultured bacterium clone BTX10 EF488244.1 和 Uncultured bacterium isolate DGGE gel band DB17 16S ribosomal DNA gene，partial sequence 的相似性仅为 91% 和 87%，未达到属的判定标准，推测可能是 MHBR 厌氧格室驯化得到的两种新菌。

Band I 和 Band L 是 MHBR 好氧格室的特有优势菌。Band I 与未纯化培养的 Uncultured bacterium clone RW0602 16S ribosomal DNA gene，partial sequence 同源性最高，但 Uncultured bacterium clone RW0602 16S ribosomal DNA gene，partial sequence 尚未归类。Band L 与 *Thiotrichales* 有最高的同源性（98%）（Zhang et al.，2008）。

从数据库中选取与每条序列亲缘关系最近的已鉴定菌属建立系统发育树（图 8-12）。Band D 和 Band A、Band L 等在系统发育上有着很近的亲缘关系，但它们的条带差异性较大。Band K 和 Band L 的条带相似性很高，但是系统发育的亲缘关系却相隔很远。而 Band E 与 Band F 的相似性与系统发育的亲缘关系都很高。尽管 Band J 和 Band L 分别只在厌氧格室和好氧格室中出现，但是它们也具有相近的系统发育亲缘关系。

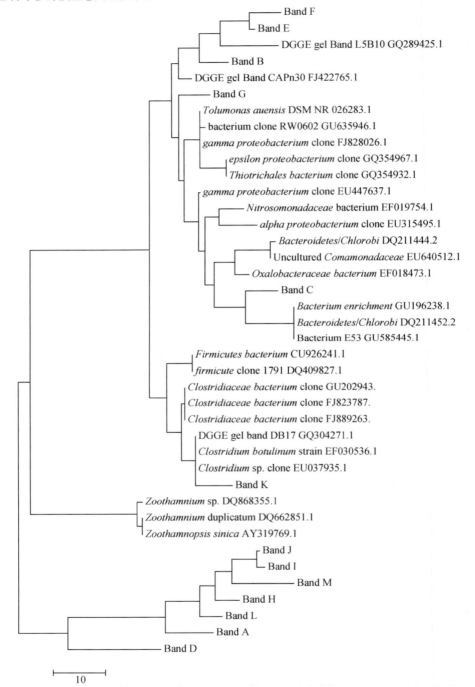

图 8-12　16S rDNA 系统发育树

第9章 复合折流反应器组合人工湿地

9.1 MHBR 组合人工湿地

9.1.1 技术特点

以 MHBR、SFW、VFW 为主体的污水生态处理技术模式，将介质吸附、微生物氧化、固定和生物提取有机结合。污水流经固定化微生物厌氧单元的过程中，在氨化菌、反硝化菌、产酸菌和产甲烷菌的共同作用下，使有机氮得以氨化，硝态氮得以反硝化，有机物得以初步降解，其好氧单元填充的爆破孔微生物固定化填料以及间歇曝气的运行方式，使得好氧单元能够固定化高效微生物，在一个反应单元内实现同步硝化反硝化脱氮，从而大量脱出氨氮和有机物；设在多介质人工湿地前端的多介质滤槽，不仅解决了湿地单元长期运行易于堵塞的问题，同时也起到了去除悬浮物和磷的作用；而多介质人工湿地中微生物、基质和植物的协同作用能够实现有机物、总氮、总磷和悬浮物的深度脱出。这样，就可利用固定化微生物和深层布水生态湿地技术的优化集成和优势互补，在低温、微曝气、无泥水回流的情况下，实现农村生活排水高效脱氮除磷。

MHBR 由若干填充不同介质的兼性好氧单元依次连接组成，其内部分别填充孔隙、大小和材料均不相同的网状微生物固定化材料，采用曝气机间歇曝气。污水中大部分 COD、SS 和 NH_4^+ 都是在该装置内被依次去除的。人工湿地内部填充多介质生物陶粒、多孔功能材料、钢渣和砾石等，有效深度为 1.2 ~ 1.8m，这可以使其内部大部分区域满足反硝化条件，以满足 MHBR 组合人工湿地技术模式实现反硝化脱氮除磷的需要。

9.1.2 植物选配

在 MHBR 组合人工湿地系统中，湿地表面种植美人蕉、黄菖蒲、灯心草和兰花三七等湿地植物 [图9-1 (a)，(b)，(c)，(d)]。美人蕉是多年生草本植物，高 1 ~ 2m，植株无毛，有粗壮的根状茎，为姜目，美人蕉科。一般长江流域以南，露地稍加覆盖就可安全越冬；长江以北，初冬茎叶经霜后就会凋萎，因此霜降前后，应剪掉地面上的茎叶，掘起根茎，晾 2~3d，除去表面水分，平铺在室内，覆盖河沙或细泥，保持 8℃以上室温，待次年春季终霜后种植；也可在 2 月以后进行催芽分割移栽。黄菖蒲，又名黄花鸢尾。叶茂密，基生，绿色，长剑形，长 60~100cm，中肋明显，并具横向网状脉。花茎稍高出于叶，垂瓣上部长椭圆形，基部近等宽，具褐色斑纹或无，旗瓣淡黄色，花径 8cm。蒴果长形，内有种子多数，种子褐色，有棱角。花期为 5~6 月；适应性强，喜光耐半阴，耐旱也耐湿，砂壤土及黏土都能生长，在水边栽植生长更好。生长适温 15~30℃，温度降至 10℃以下停止生长。灯心草为多年生草本植物，高 40~100cm，其根茎横走，密生须根。茎簇生，直立，细柱形，直径 1.5~4mm，内充满乳白色髓，占茎的大部分。叶鞘红褐色或淡黄色，长者达 15cm；叶片退化呈刺芒状。兰花三七，百合科、山麦冬属，其形似兰花，根像三七，且味也像三七并可入药，故名兰花三七。耐寒、耐阴、耐涝是其特点，且四季常青佳，春季开出一串串翠蓝的花，景观效果甚佳。兰花三七为常绿多年生草本植物，根状茎粗壮，叶线性，

(a) 兰花三七   (b) 黄菖蒲

(c) 灯心草   (d) 美人蕉

图 9-1 人工湿地植物选配

丛生，长 10~40cm。兰花三七耐寒、耐热性均好，可生长于微碱性土壤，对光照适应性强，适宜作地被植物或盆栽观赏。

9.1.3 工程案例

1. 建设村生活排水处理工程

工程位于江苏省张家港市锦丰镇建设村，70 户居民日常生活排水，经管网收集进入处理设施，设计处理能力为 15 m³/d，总占地面积约 40 m²，工艺流程为 MHBR-SFW（图 9-2）。

(a) 设备房　　　　　　　　　　(b) MHBR装置

(c) SFW　　　　　　　　　　(d) 集水井

图 9-2　建设村生活污水处理设施图

该设施于 2010 年 12 月建成，2011 年 2 月进入调试运行期，2011 年 4~8 月为期 5 个月的连续检测结果表明，MHBR-SFW 进水 COD、NH_4^+、TN 和 TP 的变化范围分别为 99~376mg/L、15~62mg/L、28~72mg/L 和 1.8~8.2mg/L；COD、NH_4^+、TN 和

TP 的去除效率分别为 80% ～94% 、87% ～99% 、70% ～91% 和 86% ～95%；MHBR-SFW 出水 COD、NH_4^+、TN 和 TP 均稳定达到《城镇污水处理厂污染物排放标准》（GB18918—2002）一级 A 标准，即 COD≤50mg/L，NH_4^+≤5mg/L，TN≤15mg/L，TP≤0.5mg/L［图9-3（a），（b），（c），（d）］。

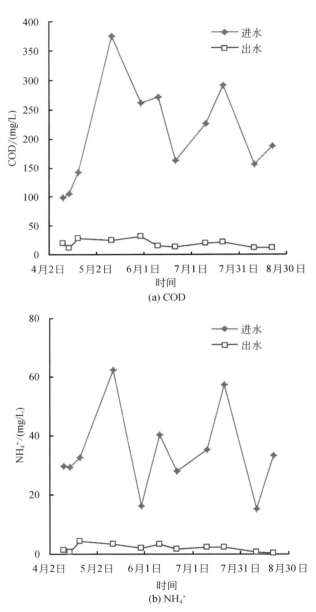

(a) COD

(b) NH_4^+

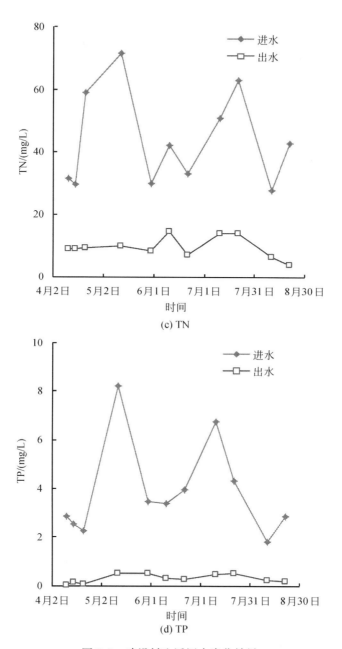

(c) TN

(d) TP

图 9-3 建设村生活污水净化效果

2. 朱家宕村生活排水处理工程

工程位于江苏省张家港市金港镇朱家宕村，污水来源于 82 户居民的日常生活排水，经管网收集进入处理设施，设计处理能力为 25m³/d，总占地面积为 80m²。

朱家宕村工艺流程为 MHBR-MRI-SFW，该工艺由复合折流生物反应器、多介质快速生物滤池和水平流人工湿地组合而成［图 9-4（a），（b）］。该工程于 2008 年 10 月建成，2008 年 11 至 2009 年 5 月为调试期，此后进入稳定运行阶段。2009～2011 年连续 3 年的检测平均值表明，朱家宕村生活污水的 COD 波动范围为 130～595mg/L，COD 去除率范围为 77%～97%，MHBR-MRI-SFW 设施出水 COD 均能够稳定达到《城镇污水处理厂污染物排放标准》（GB18918—2002）一级 B 标准。NH₄⁺ 波动范围为 28～162mg/L，NH₄⁺ 去除率范围 74%～99%，MH-BR-MRI-SFW 设施出水 NH₄⁺ 始终保持在 5mg/L 以下，达到《城镇污水处理厂污染物排放标准》（GB18918—2002）一级 A 标准。TN 波动范围为 35～175mg/L，TN 去除率稳定在 66%～95%，MHBR-MRI-SFW 设施出水 TN 稳定在 20mg/L 以下，满足《城镇污水处理厂污染物排放标准》（GB18918—2002）一级 B 标准。TP 波动范围为 3～7mg/L，TP 去除率范围为 70%～86%，MHBR-MRI-SFW 设施出水 TP 稳定在 1mg/L 以下，满足《城镇污水处理厂污染物排放标准》（GB18918—2002）一级 B 标准。

(a) MHBR-MRI　　　　　　　　　　(b) SFW

图 9-4　朱家宕村生活排水处理设施图

3. 顺义基地污水处理工程

MHBR-MRI-VFW 工艺由复合折流生物反应器、多介质快速生物滤池和多介质层叠人工湿地系统组合而成，MHBR-MRI-VFW 设施建在北京顺义水利部灌溉排水示范基地（图9-5）。示范工程于2009年5月11日投入运行，处理的是水利部节水灌溉示范基地内的办公楼和日常生活污水。2009年5月11日至5月31日为调试阶段，日处理水量为6m³/d；6月1日至9月30日为运行阶段，其中6月1日至7月18日的水量为12 m³/d，7月19日至8月31日的水量为24 m³/d，9月1日至9月30日在保持水量为24 m³/d 的条件下，人工调整污水的 COD、NH_4^+ 和 TP 浓度，并对其进行效果评价。

在7～9月不同条件的运行阶段，1#、2#和3# MHBR-MRI-VFW 出水 COD 的平均去除率分别达到76%～99%、88%～100%和90%～100%；NH_4^+ 的平均去除率分别达到87%～100%、90%～99%和97%～99%；TN 的平均去除率分别达到76%～81%、83%～95%和90%～94%；TP 的平均去除率分别达到76%～89%、74%～91%和68%～91%〔图9-6（a），（b），（c），（d）〕。

(a) MHBR

(b) MRI

(c) VFW

图 9-5　顺义基地污水处理设施图

166

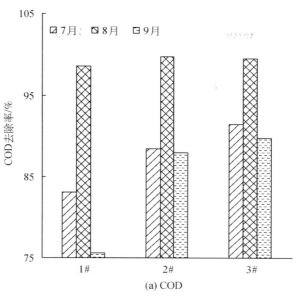

(a) COD

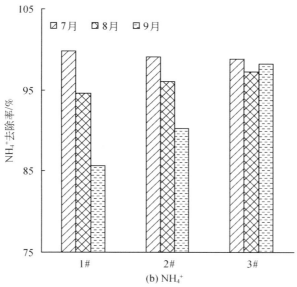

(b) NH$_4^+$

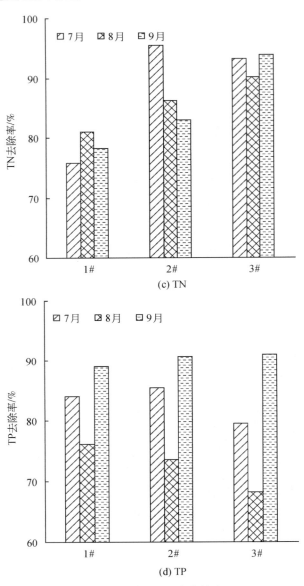

图 9-6 顺义基地净化效率

7～8 月 1#、2#和 3#MHBR- MRI- VFW 出水 COD、NH_4^+ 和 TN 都能够达到《城镇污水处理厂污染物排放标准》（GB18918—2002）一级 A 标准 [图 9-7（a），(b)，(c)]，TP 能够达到《城镇污水处理厂污染物排放标准》（GB18918—2002）一级 B 标准 [图 9-7（d）]。

9 月 3#MHBR- MRI- VFW 出水水质能够达到《城镇污水处理厂污染物排放标

准》（GB18918—2002）一级 A 标准，而 1#和 2#MHBR-MRI-VFW 出水均值仅能达到《城镇污水处理厂污染物排放标准》（GB18918—2002）二级标准 ［图 9-7 (a)，(b)，(c)，(d)]。

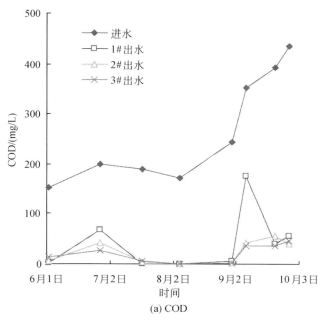

(a) COD

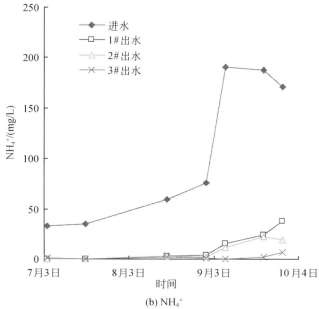

(b) NH_4^+

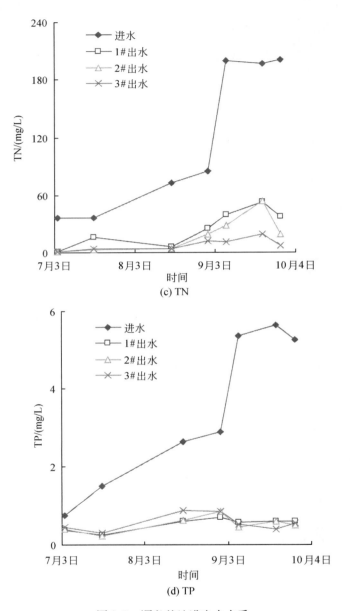

(c) TN

(d) TP

图9-7　顺义基地进出水水质

9.2 AOBR 组合人工湿地

9.2.1 技术特点

AOVS（anaerobic-oxic baffled reactors coupled to vertical flow wetlands and subsurface flow wetlands）工艺是由 AOBR、VFW 和 SFW 串联组成（图 9-8）。AOVS 运行时，相当于两级厌氧好氧串联工艺，废水进入 AOVS 后，AOBR、VFW 和 SFW 通过厌氧好氧的交互作用，实现对有机污染物及其中间产物的逐级净化。同时，AOVS 还可以通过厌氧好氧交互作用机制以及出水回流和污泥回流等调控手段提高系统的除磷脱氮效率，从而实现对有机物、总氮和总磷的同时高效去除。

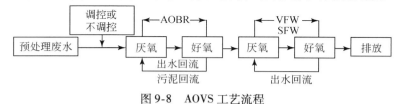

图 9-8 AOVS 工艺流程

9.2.2 运行控制

采用 AOVS 工艺处理稠油废水，VFW 直接承接 AOBR 出水，作为人工湿地单元的第 1 级，AOVS 运行期间 VFW 采用间歇进水连续排放的潮汐流运行方式，并将其尽可能控制在兼性厌氧状态，SFW 承接 VFW 出水，并尽可能控制在兼性好氧状态。

1#、2#和 3#三组 AOVS 设施，分别处理稠油废水、低浓度人工调控稠油废水（COD < 1000mg/L）和高浓度人工调控稠油废水（COD > 1000mg/L），其中，VFW/SFW 单元为四组，其中前 3 组分别作为 1#、2#和 3#AOVS 设施的湿地单元，另一组则直接处理稀释 1 倍的稠油废水（4#）。AOVS 运行期间，低浓度人工调控稠油废水（COD < 1000mg/L）的组成为养鸡场废水与稠油废水的体积比 $V_Q : V_C = 1 : 12$，高浓度人工调控稠油废水（COD > 1000mg/L）的组成为养鸡场废水与稠油废水的体积比 $V_Q : V_C = 1 : 8$。AOBR 厌氧区的水力停留时间为 60h，VFW/SFW 单元的水力停留时间为 5d，其中 VFW 的水力停留时间为 3d，SFW 水力停留时间为 2d，VFW/SFW 单元的水力负荷为 5.6cm/d（其中，VFW 的水力负荷 10cm/d，SFW 的水力负荷 12.5cm/d），VFW 采用快灌慢排的潮汐流方式运行，每天进水 1 次，完全淹水时间在 20h 以上。SFW 承接 VFW 出水，运行期间水位控制在 40cm 左右，大部分基质长期处于落干状态，以利于空气中的氧气向人工湿地基质的扩散。

9.2.3 运行特性

1. VFW/SFW 特性

对 1#、2#、3#三组 AOVS 系统的 VFW/SFW 单元以及第 4#组 VFW/SFW 单元进出水 COD 连续 8 次检测（检测频率为每 4d 检测 1 次）的平均值见图 9-9。

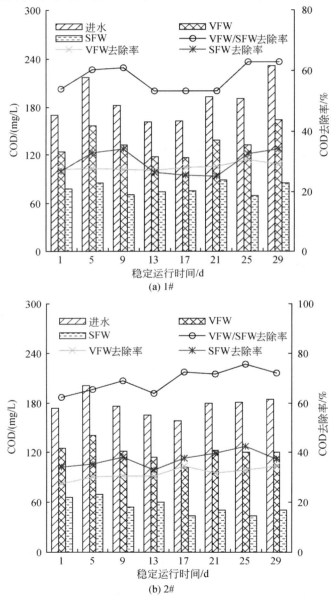

(a) 1#

(b) 2#

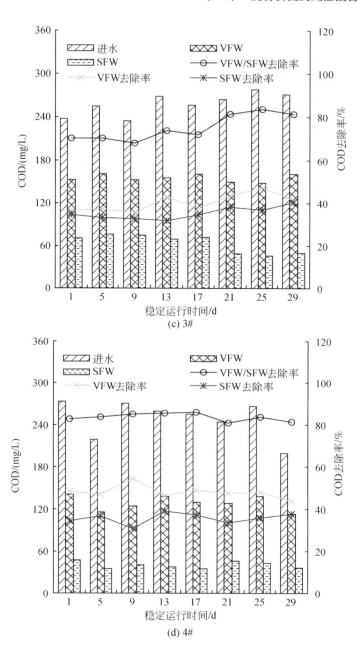

图 9-9　VFW/SFW 净化稠油废水效果

1# AOVS 系统的 VFW/SFW 单元进水 COD 浓度平均值为 188 mg/L，VFW 出水 COD 浓度为 135 mg/L，SFW 出水 COD 浓度减少至 79 mg/L；VFW/SFW 单元

对 AOBR 出水 COD 的总去除率为 58%，其中，VFW 的去除率为 28%，SFW 的去除率为 30%〔图 9-9（a）〕。

2# AOVS 系统的 VFW/SFW 单元进水 COD 浓度平均值为 177 mg/L，VFW 出水 COD 浓度减少至 121 mg/L，经过 SFW 处理后减少至 55 mg/L；VFW/SFW 对 AOBR 出水 COD 的总去除率为 69%，其中，VFW 的去除率为 32%，SFW 的去除率为 37%〔图 9-9（b）〕。

3# AOVS 系统的 VFW/SFW 单元进水 COD 浓度的平均值为 259 mg/L，VFW 出水 COD 浓度减少至 155 mg/L，经 SFW 处理后进一步下降至 63 mg/L；VFW/SFW 单元对 AOBR 出水 COD 的总去除率为 75 %，其中，VFW 的去除率为 40%，SFW 的去除率为 35 %〔图 9-9（c）〕。

4#AOVS 系统的 VFW/SFW 单元进水 COD 浓度平均值为 256 mg/L，出水 COD 浓度减少至 38 mg/L，VFW/SFW 出水 COD 的总去除率为 85%〔图 9-9（d）〕。

上述 VFW/SFW 单元高效运行的结果表明，将 VFW 与 SFW 串联组成的 VFW/SFW 系统分别控制在兼性厌氧和兼性好氧状态下运行时，对稠油废水的净化效果非常显著。

2. AOVS 特性

AOVS 运行期间，AOBR 进水水质的变化较大，1#AOVS 系统进水 COD 浓度的变化范围为 400～1000mg/L，出水水质为 180～240mg；2#AOVS 系统进水 COD 浓度的范围为 500～1000mg/L，出水浓度稳定在 160～200mg/L；3#AOVS 系统进水 COD 浓度的范围为 1000～2600mg/L，出水水质为 230～280mg/L。AOVS 系统运行期间，除 1#的厌氧和好氧区污泥活性较差外，其他系统始终保持较高的污泥量和活性。

1#AOVS 系统 COD 的总去除率为 89%，其中 AOBR 厌氧区去除率为 65%，好氧区去除率为 9%，好氧区的去除率仅占 AOBR 总去除率的 1/6，约为 AOVS 总去除率的 1/10；VFW/SFW 单元对 COD 的去除率为 15%，占 COD 总去除率的 17%，VFW 和 SFW 的去除率分别为 7% 和 8%〔图 9-10（a），（b）〕。

2#AOVS 系统 COD 的总去除率为 93%，其中 AOBR 的厌氧区由于控制在水解酸化阶段，其去除率仅为 18%，好氧区的去除率为 60%，AOBR 的总去除率为 78%，占 AOVS 总去除率的 84%；VFW/SFW 单元对 COD 的去除率占 AOVS 总去除率的 15%，VFW 和 SFW 分别占 AOVS 总去除率的 7% 和 8%〔图 9-10（a），（b）〕。

3#AOVS 系统 COD 的总去除率为 96%，其中 AOBR 的总去除率为 86%，占

AOVS 总去除率的 89%；VFW/SFW 单元对 COD 的去除率占 AOVS 总去除率的
11%［图 9-10（a），（b）］。

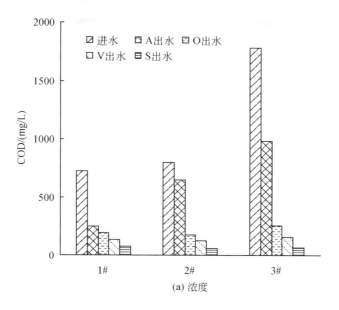

(a) 浓度

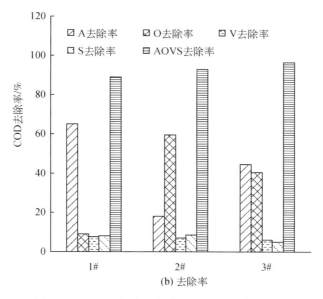

(b) 去除率

图 9-10　AOVS 各单元水质及 COD 去除率的贡献

综上所述，AOVS 系统进水 COD 中，有 74% ~ 86% 是被 AOBR 去除的，有 11% ~ 15% 是被 VFW/SFW 单元去除的。若仅从 AOVS 各单元对 COD 去除率的贡献来看，似乎 VFW/SFW 单元的作用远小于 AOBR，但事实上，VFW/SFW 单元去除的 COD 是 AOBR 无法有效去除的那部分难降解 COD，正是由于 VFW/SFW 单元对难降解有机物的高效去除才使 AOVS 最终出水的 COD 都在 40 ~ 100mg/L 的预期目标之内。

3. 有机物降解特性

稠油废水厌氧生物处理过程降解了大量有机物，绝大部分有机物在其后续的好氧环境下也能够被微生物降解，但是一些难降解有机物的降解速率较慢，使得较长水力停留时间的情况下好氧微生物还无法有效去除稠油废水中的难降解有机物。从图 9-11 可知，AOBR 出水再经 VFW/SFW 单元处理后，难降解有机物几乎被全部去除，而且没有新的中间产物被检出。可见，VFW/SFW 单元是去除稠油废水中难降解有机物及其代谢产物的有效方法，它不仅可以大量去除好氧生物处理无法有效去除的难降解有机物，而且能够将厌氧好氧强化生物处理无法有效去除的 25-降藿烷等典型石油生物标志物去除。这表明，AOVS 是一种整体优化、各处理单元优势互补的难降解有机废水处理新方法。

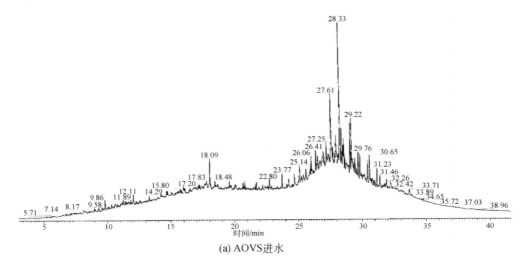

(a) AOVS进水

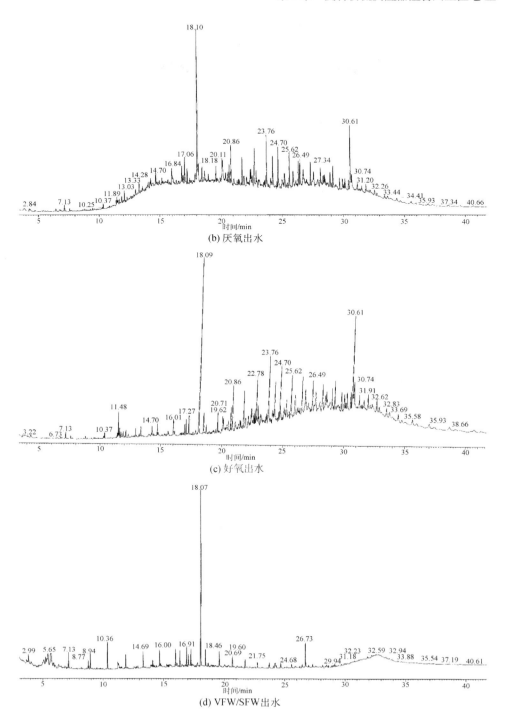

(b) 厌氧出水

(c) 好氧出水

(d) VFW/SFW出水

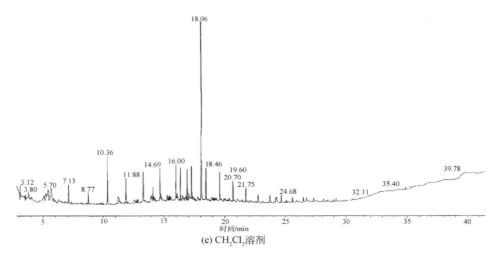

(e) CH₂Cl₂溶剂

图 9-11　AOVS 进出水 GC/MS 谱图

9.2.4　微生物特性

1. AOBR 中藻类、原生动物和后生动物

AOBR 活性污泥微生物中藻类和原生动物的优势种属主要有（图 9-12）：新月藻属（*Closterium*）、蓝纤维藻属（*Dactylococcopsis*）、小球藻属（*Chroococcus minutus*）、小颤藻（*Oscillatoria tenuis*）、小环藻（*Cyclotella*）、四角十字藻（*Crucigenia tetrapedia*）、细布纹藻（*Gyrosigma attenuatum*）、长圆舟形藻（*Navicula oblonga*）和尖头舟形藻（*Navicula cuspidata*），一些纤毛虫、鞭毛虫、变形虫类原生动物以及线虫等后生动物。

2. VFW 中细菌、真菌和放线菌数量

人工湿地处理系统的供氧，特别是深层基质的供氧主要是通过湿地床中栽种的植物的光合作用所产生的氧气通过植物的茎传输到其根系实现的，而在湿地床内部，由于在植物根系和基质表面生长的生物膜使基质床中形成了好氧、兼氧和厌氧区同时并存的环境。因此，人工湿地基质中微生物的数量、种类及其特性对处理效果有很大的影响。人工湿地基质中的细菌、真菌和放线菌构成了人工湿地的主要微生物相。

VFW 基质 0～60cm 层的细菌总数分布规律为 0～20cm 明显高于 20～40cm，20～40cm 的细菌总数小于 40～60cm 的细菌总数。四组 VFW 单户细菌数量的分

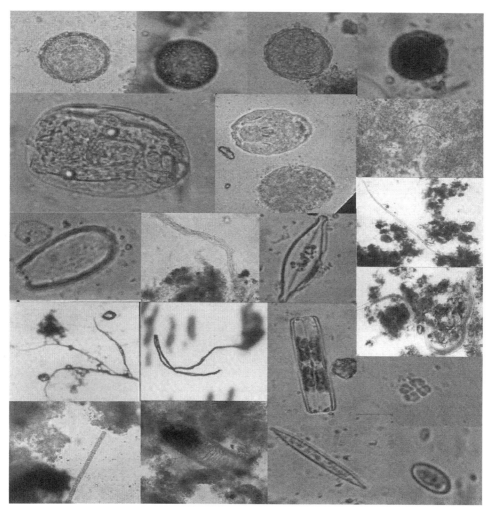

图 9-12 AOBR 污泥中的藻类、原生动物和后生动物

布差异较大，3#VFW 单元 0 ～20cm 基质中的细菌总数为 4.97×10^9 CFU/g，约为相同基质层 1#VFW 的 10 倍、2#VFW 的 4 倍、3#VFW 的 9 倍 [图 9-13 (a)]。0 ～20cm 和 40 ～60cm 基质层中的细菌总数高于 20 ～40cm 基质层。这可能是因为：①VFW 表层基质长期处于淹水状态，但是基质表面水层较浅，空气中的氧气仍能够通过扩散作用少量进入表层基质；②VFW 表层基质在短暂的落干时间内也能够使空气中的氧气扩散到表层基质中；③VFW 不同基质层中芦苇的地下茎和根系分布差异较大，根系主要分布在 0 ～20cm 和 40 ～60cm 的基质层中，20 ～40cm基质层中的地下茎分布虽然非常广泛，但根系较少，因此芦苇输送的氧

主要在 0～20cm 和 40～60cm 的基质层中被释放，从而使好氧细菌在这两层基质中的分布数量高于 20～40cm 基质层。

　　真菌的分布规律为上层明显高于下层，但真菌在基质中的数量分布较少，这可能与 VFW 长期处于淹水状态相关［图9-13（b）］。

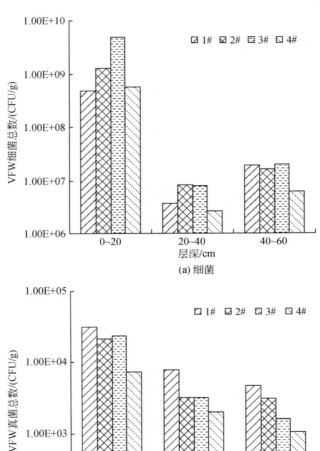

(a) 细菌

(b) 真菌

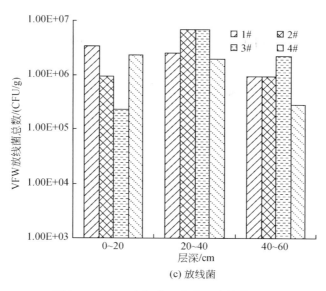

(c) 放线菌

图 9-13　VFW 中细菌、真菌和放线菌丰度

　　在处理调控稠油废水的 2#和 3#VFW 基质中，放线菌数量的 70% ~80% 分布在 20 ~40cm 层［图 9-13（c）］。而在 1#和 4#VFW 基质中，虽然 20 ~40cm 层放线菌的数量也较高，但与 0 ~20cm 表层基质的差异明显减小。这可能与不同废水的水质特性有关，稠油废水中环状结构的有机物及一些高分子难降解有机物的浓度较高，大量环状结构的有机物及一些高分子难降解有机物进入 VFW/SFW 单元，为具有较强解脂酶活性的放线菌富集提供了条件。而调控稠油废水经过 AOBR 厌氧区水解酸化处理后，难降解有机物被分解成链状或分子量相对较小的中间产物，因此，在 0 ~20cm 表层基质中细菌可利用的食物较多并占绝对优势，大量可生化性较好的有机物被细菌分解后，含有大量剩余难降解有机物的废水为 20 ~40cm 基质层中放线菌的生长提供了可利用的食物，使其能够大量繁殖。

3. SFW 中细菌、真菌和放线菌数量

　　SFW 的 0 ~60cm 基质层中，细菌、真菌、放线菌的丰度均为上层明显高于下层［图 9-14（a），（b），（c）］。4 组 SFW 单元 0 ~20cm 层中的细菌总数是 VFW 的 2 ~8 倍。真菌的分布规律也是上层明显高于下层，丰度也高于 VFW 的相同层。放线菌则集中分布在 0 ~40cm 的基质层。

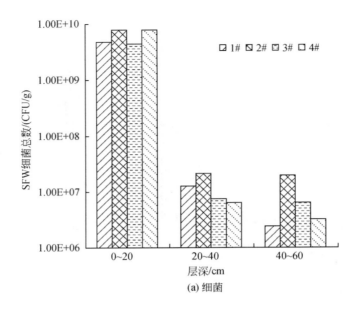

(a) 细菌

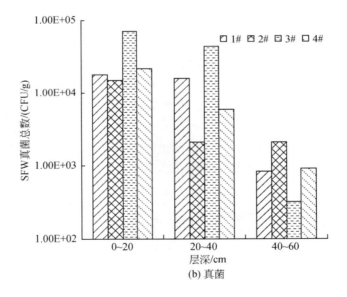

(b) 真菌

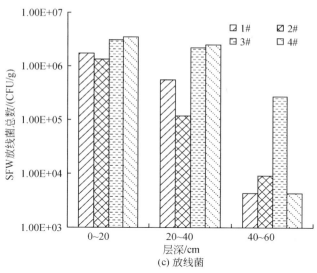

图 9-14　SFW 中细菌、真菌和放线菌丰度

4. VFW/SFW 单元中细菌、真菌和放线菌活性

4 组 VFW/SFW 单元基质中的优势细菌、真菌和放线菌分列于表 9-1、表 9-2 和表 9-3。其中，细菌以芽孢杆菌属（*Bacillus*）、黄杆菌属（*Flourobacterium*）、产碱杆菌属（*Alcaligenes*）的活性最高，其他细菌的解脂酶活性较差。真菌以总状毛霉（*Mucor racemosus*）、小克银汉（*Cunuinghamella matruchot*）和假丝酵母（Candida berkhout）的解脂酶活性最强，镰刀菌属（*Fusaruym*）和红酵母菌属（*Rhodotorula*）的活性最差，其他真菌也有一定的解脂酶活性。放线菌只分离到了链霉菌，但几乎包括了链霉菌的所有类群，其中白孢类群（*Albosporus*）、玫瑰孢类群（*Roseosporus*）和灰褐类群（*Griseofuscus*）的解脂酶活性最强，其他的链霉菌也有较强的解脂酶活性。

表 9-1　VFW/SFW 单元中的优势细菌群落

优势菌属	解脂酶活性
Bacillus megaterium	＋＋
Bacillus	＋
Flavobacterium	＋＋
CBrevibacterium	＋＋
Brevibacterium	＋
Alcaligenes	＋
Alcaligenes	＋＋
Fusobacterium	＋

＋ 有活性；＋＋ 活性较强；＋＋＋ 活性最强

表 9-2　VFW/SFW 单元中的优势真菌群落

优势菌属	解脂酶活性
Candida berkhout	+ + +
Saccharomyces harrison	+ +
Rhodotorula	+
Cunninghamella matruchot	+ + +
Mucor racemosus	+ + +
Penicillium	+ +
Aspergillus niger	+ +
Aspergillus candidus	+ +
Aspergillus flavus	+ +
Aspergillus glauxus	+ +
Fusaruym	+
Cladosporium	+ +
Trichoderma	+ +
Gliocladium corda	+ +
Paecilomyces varioti	+ +

+ 有活性；＋＋活性较强；＋＋＋活性最强

表 9-3　VFW/SFW 单元中的优势放线菌群落

优势菌属	解脂酶活性
Streptomyces	
Hygroscopicus	+ +
Albosporus	+ + +
Flavus	+
Roseosporus	+ + +
Lavendulae	+ +
Glaucus	+ +
Cinerogriseus	+ +
Viridis	+ +
Cyaneus	+ +
Criseorubroviolaceus	+ +
Griseofuscus	+ + +
Aureus	+ +

+ 有活性；＋＋活性较强；＋＋＋活性最强

在人工湿地的不同基质层中，特别是在 20～40cm 的基质层中分离出了多株对石油烃降解活性较强的酵母菌，它们主要是假丝酵母菌属、酵母菌属和红酵母菌属，其中假丝酵母菌广泛分布在 20～60cm 的基质层中。假丝酵母对石油烃降解具有重要作用，它大量存在于人工湿地基质中，这无疑是其对稠油废水中石油烃及其他有机物具有高效降解能力的重要原因之一。

从基质中分离出来的放线菌都属于放线菌属（Streptomyces），气生菌丝体的颜色主要是灰色、白色、黄色、红色、蓝色及褐色，大多数为灰色，基质菌丝的颜色为黄、褐、红、蓝、黑等颜色。放线菌像真菌一样可以分解各种多糖、蛋白质和难降解有机物，在人工湿地中，放线菌的数量比同层基质中真菌数量多 2 个数量级，而且都具有较强的解脂酶活性。

人工湿地中细菌、真菌和放线菌活性的研究表明，真菌和酵母菌作为人工湿地基质中微生物的主要类群，对分解稠油废水中的大量高分子难降解有机物非常重要，但其在人工湿地基质中的数量相对较少，相对于放线菌的作用可能要小一些，也就是说，基质中存在的大量放线菌对难降解有机物的去除起着至关重要的作用，多糖、蛋白质、高分子有机酸和聚合物等难降解的有机物一般只有被放线菌、真菌、酵母菌或厌氧细菌分解成小分子有机物后才能被好氧细菌有效利用。由此可见，人工湿地对稠油废水中大量难降解有机物的高效降解是放线菌、真菌和细菌等微生物协同作用的结果。

参 考 文 献

Allen A E, Booth M G, Frischer M E, et al. 2001. Diversity and detection of nitrate assimilation genes in marine bacteria. Appl. Environ. Microbiol. , 67: 5343-5348.

Al-Saleh E, Drobiova H, Obuekwe C. 2009. Predominant culturable crude oil-degrading bacteria in the coast of Kuwait. Int. Biodeterior. Biodegrad. , 63: 400-406.

Bachmann A. 1983. Comparison of fixed film reactors with a modified sludge blanket reactor. Pollut. Technol. Rev. , 10: 384-402.

Bachmann A. 1985. Performance characteristics of the anaerobic baffled reactor. Water Res. , 19: 99-106.

Badkoubi A. 1998. Performance of a subsurface constructed wetland in iran. Wat. Sci. Tech. , 38: 345-350.

Bae H, Park K S, Chung Y C, et al. 2010. Distribution of anammox bacteria in domestic WWTPs and their enrichments evaluated by real-time quantitative PCR. Process Biochem. , 45: 323-334.

Bankowski P, Zou L, Llodes R. 2004. Reduction of menatl leaching in brown coal fly ash using Qeonolvmer. J. Hazard. Mater. , 114: 59-67.

Barbe V, Vallenet D, Fonknechten N, et al. 2004. Unique features revealed by the genome sequence of Acinetobacter sp. ADP1, a versatile and naturally transformation competent bacterium. Nucleic Acids Res. , 32: 5766-5779.

Barber W P, Stuckey D C. 1997. Start-up strategies for anaerobic baffled reactors treating a synthetic sucrose feed. Proc. 8th Intentational Conf. On Anaerobic Digestion: 32-39.

Barber W P, Stuckey D C. 2000. Nitrogen removal in a modified anaerobic baffled reactor (ABR): 1, denitrification. Water Res. , 34: 2413-2422.

Bell L C, Ferguson S J. 1991. Nitric and nitrous oxide reductases are active under aerobic conditions in cells of Thiosphaera pantotropha. Biochem. J. , 273: 423-427.

Bell L C, Richardson D J, Ferguson S J. 1990. Periplasmic and membrane-bound respiratory nitrate reductases in Thiophaera pantotropha: the periplasmic enzyme catalyzes the first step in aerobic denitrification. FEBS letters, 265: 85-87.

Biesterfeld S, Farmer G, Figueroa L. 2003. Quantification of denitrification potential in carbonaceous trickling filters. Water Res. , 37: 4011-4017.

Boopathy R. 1991a. Anaerobic digestion of high strength molasses wastewater using hybrid anaerobic baffled reactor. Water Res. , 25: 785-790.

Boopathy R. 1991b. Performance of a modified anaerobic baffled reactor to treat swine waste. Truns

ASAE. , 34: 2573-2578.

Boopathy R. 1992. Pelletization of biomass in a hybrid anaerobic baffled reactor treating acidified wastewater. Bioresour. Technol. , 40: 101-107.

Boopathy R. 1998. Biological treatment of swine waste using anaerobic baffled reactors. Bioresour. Technol. , 64: 1-6.

Bozic A K, Anderson R C, Carstens G E, et al. 2009. Effects of the methane-inhibitors nitrate, nitroethane, lauric acid, Lauricidin and the Hawaiian marine algae Chaetoceros on ruminal fermentation in vitro. Bioresour. Technol. , 100: 4017-4025.

Brown D S. 1994. Inventory of constructed wetlands in the united states. Wat. Sci. Tech. , 29: 309-318.

Braker G, Tiedje J M. 2003. Nitric oxide reductase (norB) genes from pure cultures and environmental samples. Appl. Environ. Microbiol. , 69: 3476-3483.

Brix H. 1994. Growth characteristics of three macrophyte species growing in a natural and constructed wetland system. Wat. Sci. Tech. , 29: 95-102.

Bru D, Sarr A, Philippot L. 2007. Relative abundances of proteobacterial membrane-bound and periplasmic nitrate reductases in selected environments. Appl. Environ. Microbiol. , 73: 5971-5974.

Cabello P, Pino C, Olmo-Mira M F, et al. 2004. Hydroxylamine assimilation by Rhodobacter capsulatus E1F1-Requirement of the hcp gene (hybrid cluster protein) located in the nitrate assimilation nas gene region for hydroxylamine reduction. J. Biol. Chem. , 279: 45485-45494.

Canfield D E, Glazer A N, Falkowski P G. 2010. The evolution and future of earth's nitrogen cycle. Science, 330: 192-196.

Capone G E, Knapp A N. 2007. Oceanography: A marine nitrogen cycle fix? Nature, 445: 159-160.

Carter J P, Hsaio Y H, Spiro S, et al. 1995. Soil and sediment bacteria capable of aerobic nitrate respiration. Appl. Environ. Microbiol. , 61: 2852-2858.

Carnol M, George A, Wietse D B. 2002. Nitrosomonas europaea-like bacteria detected as the dominant β-subclass Proteobacteria ammonia oxidizers in reference and limed acid forest soils. Soil Biology & Biochemistry, 34: 1047-1050.

Castro H, Newman S, Reddy K R, et al. 2005. Distribution and stability of sulfate-reducing prokaryotic and hydrogenotrophic methanogenic assemblages in nutrient-impacted regions of the florida everglades. Appl. Environ. Microbiol. , 71: 2695-2704.

Chang W S, Hong S W, Park J. 2002. Effect of zeolite media for the treatment of textile wastewater in a biological aerated filter. Process Biochem. , 37: 693-698.

Chen Y, Lin B. 2007. Research on enzyme immobilization by modified ceramsite particle. Chem. Ind. Eng. Prog. , 26: 1462-1465.

Chen Y P, Rekha P D, Arun A B, et al. 2006. Phosphate solubilizing bacteria from subtropical soil and their tricalcium phosphate solubilizing abilities. Appl. Soil. Ecol. , 34: 33-41.

Cheneby D, Philippot L. 2000. 16S rDNA analysis for characterization of denitrifying bacteria isolated from three agricultural soils. FEMS Microbiol. Ecol. , 34: 121-128.

Cho S L, Nam S W, Yoon J H, et al. 2008. Lactococcus chungangensis sp. nov. , a lactic acid bacterium isolated from activated sludge foam. Int. J. Syst. Evol. Micr. , 58: 1844-1849.

Christina J, Thomas S, Ursula O. 2007. UV-induced dark repair mechanisms in bacteria associated with drinking water. Water Res. , 41: 188-196.

Chudoba P, Pujol R. 1998. A three-stage biofiltration process: performances of a pilot plant. Wat. Sci. Tech. , 38: 257-265.

Clark H W. 1927. An outline of sewage purification studies at the lawrence experiment station. Ind. Eng. Chem. , 19: 448-452.

Codispoti L A. 2010. Interesting times for marine N_2O. Science, 327: 1339-1340.

Comin F A. 1997. Nitrogen removal and sycling in restored wetlands used as filters of nutrients for agricultural runoff. Wat. Sci. Tech. , 35: 255-261.

Conroy O, Quanrud D M, Ela W P, et al. 2005. Fate of wastewater effluent hER-agonists and hER-antagonists during soil aquifer treatment. Environ. Sci. Technol. , 39: 2287-2293.

Cooper P. 1999. A review of the design and performance of vertical flow and hybrid reed bed treatment systems. Wat. Sci. Tech. , 40: 1-9.

Cprek N, Shah N, Huggins F E, et al. 2007. Distinguishing respirable quartz in coal fly ash using computer-controlled scanning electron microscopy. Environ. Sci. Technol. , 41: 3475-3480.

Cui C W, Ji S L. 2006. Aerobic granular sludge its morphology. Technology of Water Treatment, 32: 13-19.

Dalmacija B. 1996. Purification of high-salinity wastewater by activated sludge process. Water Res. , 30: 295-298.

Dapena-Mora A, Fernandez I, Campos J L, et al. 2007. Evaluation of activity and inhibition effects on Anammox process by batch tests based on the nitrogen gas production. Enzyme Microb. Technol. , 40: 859-865.

DeAngelis K M, Lindow S E, Firestone M K. 2008. Bacterial quorum sensing and nitrogen cycling in rhizosphere soil. FEMS Microbiol. Ecol. , 66: 197-207.

Dennis P C, Sleep B E, Fulthorpe R R, et al. 2003. Phylogenetic analysis of bacterial populations in an anaerobic microbial consortium capable of degrading saturation concentrations of tetrachloroethylene. Can. Microbiol. , 49: 15-27.

Deutsch C, Sarmieto J L, Sigman D M, et al. 2007. Spatial coupliing of nitrogen inputs and losses in the ocean. Nature, 445: 163-167.

Dionisi H M, Layton A C, Harms G, et al. 2002. Quantification of Nitrosomonas oligotropha-Like Ammonia-Oxidizing Bacteria and Nitrospira spp. from Full-Scale Wastewater Treatment Plants Competitive PCR. Appl. Environ. Microbiol. , 68: 245-253.

Dong X L, Reddy G B. 2010. Soil bacterial communities in constructed wetlands treated with swine wastewater using PCR-DGGE technique. Bioresour. Technol. , 101: 1175-1182.

Drizo A. 1999. Physico-Chemical screening of phosphate-Removing substrates for use in constructed wetland systems. Water Res. , 33: 3595-3602.

Duce R A, LaRoche J, Altieri K, et al. 2008. Impacts of atmospheric anthropogenic nitrogen on the open ocean. Science, 320: 893-897.

Dunbar J, Ticknor L O, Kuske C R. 2000. Assessment of microbial diversity in four southwestern U-nited States soils by 16S rDNA gene terminal restriction fragment analysis. Appl. Environ. Microbiol. , 66: 2943-2950.

Eckburg P, Bik E, Bernstein C, et al. 2005. Diversity of the human intestinal microbial flora. Science, 308: 1635-1638.

Faisal M, Unno H. 2001. Kinetic analysis of palm oil mill wastewater treatment by a modified anaerobic baffled reactor. Biochem. Eng. J. , 19: 25-31.

Fan K. 2007. The Research of Artificial Ceramic-slag Double-layer Medium Biological Aerated Filter For Pretreatment of Sewage. Master thesis. Lanzhou: Lanzhou Unibersity of Technology.

Falkowski P G, Fenchel T, Delong E F. 2008. The microbial engines that drive Earth's biogeochemical cycles. Science, 320: 1034-1039.

Felde K V. 1997. N-and COD-removal in vertical-flow systems. Wat. Sci. Tech. , 35: 79-85.

Francis C A, Beman J M, Kuypers M M M. 2007. New processes and players in the nitrogen cycle: the microbial ecology of anaerobic and archaeal ammonia oxidation. The ISME. , 1: 19-27.

Freese L H. 2000. Influence of seed inoculum on the start-up of an anaerobic baffled reactor. Environ. Technol. , 21: 909-918.

Fu J S, Cheng Y, Tang Y C. 2008. Application of fly ash porous ceramsite to wastewater treatment. Environ. Sci. Technol. , 31: 112-115 (in Chinese) .

Fujiwara T, Fukumori Y. 1996. Cytochrome cb-type nitric oxide reductase with cytochrome c oxidase activity from Paracoccus denitrificans ATCC 35512. J. Bacteriol. , 178: 1866-1871.

Gao Q G, Ju Z J, Ju H Y. 2009. Study on the preparation of modified ceramsite and Its removal function to organic matter by filtration. J. Anhui Agri. Sci. , 37: 2205-2207 (in Chinese) .

Galloway J M S, Townsend A R, Erisman J W, et al. 2008. Transformation of the nitrogen cycle: recent trends, questions, and potentential solutions. Science, 320: 889-892.

Gamito S. 2010. Caution is needed when applying Margalef diversity index. Ecol. Indic. , 10: 550-551.

Garvin J, Buick R, Anbar A D, et al. 2008. Isotopic evidence for an aerobic nitrogen cycle in the latest archean. Science, 323: 1045-1048.

Gaudy J A F. 1985. A study of the biodegradability of residual COD. J. WPCF. , 57: 332-338.

Geets J, Cooman M, Wittebolle L, et al. 2007. Real-time PCR assay for the simultaneous quantification of nitrifying and denitrifying bacteria in activated sludge. Appl. Microbiol. Biotechnol. , 75: 211-221.

Geller G. 1997. Horizontal subsurface flow systems in the German Speaking countries: summary of long-term scientific and practical experience recommendations. Wat. Sci. Tech. , 35: 157-166.

Gilbert Y, Le Bihan Y, Aubry G, et al. 2008. Microbiological and molecular characterization of denitrification in biofilters treating pig manure. Bioresour. Technol. , 99: 4495-4502.

Giovannini S G T. 1999. Establishment of three emergent macrophytes under different water regimes. Wat. Sci. Tech. , 40: 233-240.

Gloess S, Grossart H P, Allgaier M, et al. 2008. Use of laser microdissection for phylogenetic characterization of polyphosphate-accumulating bacteria. Appl. Environ. Microbiol. , 74: 4231-4235.

Gomez-Villalba B, Calvo C, Vilchez R, et al. 2006. TGGE analysis of the diversity of ammonia-oxidizing and denitrifying bacteria in submerged filter biofilms for the treatment of urban wastewater. Appl. Microbiol. Biotechnol. , 72: 393-400.

Golightly D W, Sun P, Cheng C M, et al. 2005. Gaseous mercury from curing concretes that contain fly ash: laboratory measurements. Environ. Sci. Technol. , 39: 5689-5693.

Green M B. 1994. Constructed reed beds: a cost-effective way to polish wastewater effluents for small communities. Water Environ. Res. , 66: 188-192.

Green M B. 1998. Enhancing nitrification in vertical flow constructed wetlands utilizing a passive air. Water Res. , 32: 3513-3520.

Greenway M. 1997. Nutrient content of wetland plants in constructed wetlands receiving municipal effluent in tropical Australia. Wat. Sci. Tech. , 35: 135-142.

Gruber N, Galloway J N. 2008. An Earth-system perspective of the global nitrogen cycle. Nature, 451: 293-296

Grobicki A. 1992. Hydrodynamic characteristics of the anaerobic baffled reactor. Water Res. , 26: 371-378.

Grosskopf R, Janssen P H, Liesack W. 1998. Diversity and structure of the methanogenic community in anoxic rice paddy soil microcosms as examined by cultivation and direct 16S rDNA gene sequence retrieval. Appl. Environ. Microbiol. , 64: 960-969.

Gu Y Y, Gao M C, Jia Y G, et al. 2006. Preliminary study on reduction of nitrate in water with sponge iron. China Water Wastewater, 22: 82-88 (in Chinese).

Gulley J R. 1992. In environmental issues and waste management in energy and minerals production. Rotterdom, Balkema Rotterdam Press: 431-1438

Gutsev G L, Mochena M D. 2004. Structure and properties of Fe^4 with different coverage by C and CO. J. Phys. Chem. A, 108: 11409-11418.

Hai B, Diallo N H, Sall S, et al. 2009. Quantification of key genes steering the microbial nitrogen cycle in the rhizosphere of sorghum cultivars in tropical agroecosystems. Appl. Environ. Microbiol. , 75: 4993-5000.

Halalsheh M, Dalahmeh S, Sayed M, et al. 2008. Grey water characteristics and treatment options for rural areas in Jordan. Bioresour. Technol. , 99: 6635-6641.

Hammer D. 1994. Designing constructed wetlands for nitrogen removal. Wat. Sci. Tech. , 29: 15-27.

Hao C, Wang H, Liu Q, et al. 2009. Quantification of anaerobic ammonium-oxidizing bacteria in enrichment cultures by quantitative competitive PCR. J. Environ. Sci. , 21: 1557-1561.

Harms G, Layton A C, Dionisi H M, et al. 2003. Real-time PCR quantification of nitrifying bacteria in a municipal wastewater treatment plant. Environ. Sci. Technol. , 37: 343-351.

Hartman M, Trnka O, Pohorely M. 2007. Minimum and terminal velocities in fluidization of ceramsite at ambient and elevated temperature. Ind. Eng. Chem. Res. , 46: 7260-7266.

Hartman M, Trnka O, Svoboda K. 2009. Use of pressure fluctuations to determine online the regime of gas-solids suspensions from incipient fluidization to transport. Ind. Eng. Chem. Res. , 48: 6830-6835.

He Y L. 1998. Anaerobic biologcal treatment for wastewater. Beijing: Industrial Press of China.

Hedmark A, Scholz M, Aronsson P, et al. 2010. Comparison of planted soil infiltration systems for treatment of log yard runoff. Water Environ. Res. , 82: 666-669.

Heijnen J J. 1993. Development and scale-up of an aerobic biofilm air-lift suspension reactor. Wat. Sci. Tech. , 27: 23-26.

Henry S, Baudoin E, Lopez-Gutierrez J C. 2004. Quantification of denitrifying bacteria in soils by nirK gene targeted real-time PCR. J. Microbiol. Method. , 59: 327-335.

Henry S, Bru D, Stres B, et al. 2006. Quantitative detection of the nosZ gene, encoding nitrous oxide reductase, and comparison of the abundances of 16S rDNA, narG, nirK, and nosZ genes in soils. Appl. Environ. Microbiol. , 72: 5181-5189.

Henry S, Texier S, Hallet S, et al. 2008. Disentangling the rhizosphere effect on nitrate reducers and denitrifiers: insight into the role of root exudates. Environ. Microbiol. , 10: 3082-3092.

Hu Z R, Wentzel M C, Ekama G A. 2002. Anoxic growth of phosphate-accumulating organisms (PAOs) in biological nutrient removal activated sludge systems. Water Res. , 36: 4927-4937.

Huo J P, Song H H, Chen X H. 2005. Advances on the synthesis of carbon-encapsulated metal nanoparticles. Chem. Lett. , 1: 23-29 (in Chinese) .

Huang L N, DeWever H, Diels L. 2008. Diverse and distinct bacterial communities induced biofilm fouling in membrane bioreactors operated under different conditions. Environ. Sci. Technol. , 42: 8360-8366.

Huang J, Li Y J. 1995. Chemical and microbial compositions of granular sludges growing on three kinds of industrial wastewaters. Chin. J. Appl. Environ. Biol. , 1: 252-259.

Inagaki M, Okada Y, Vignal V, et al. 1998. Graphite formation from a mixture of Fe_3O_4 and polyvinylchloride at 1000℃. Carbon, 26: 1706-1708.

Ishii K, Nakagawa T, Fukui M. 2000. Application of denaturing gradient gel electrophoresis (DGGE) in microbial ecoogy. Microbes and Environments, 15: 59-73.

Ismail D. 2007. Effect of organic residues addition on the technological properties of clay bricks. Waste Manage, 28: 1-6.

IWA. 2000. Constructed wetlands for pollution control: processes, performance, design and operation. International Water Association Scientific and Technical Report No. 8. London: IWA Publishing.

Jeong H, Lim Y W, Yi H, et al. 2007. Anaerosporobacter mobilis gen. nov. , sp. nov. , isolated from forest soil. Int. J. Syst. Evol. Microbiol. , 57: 1784-1787.

Jetten M S M, Townsend A R. 2008. The microbial nitrogen cycle. Environ. Microbiol. , 10: 2903-2909.

Jenssen P D, Krogstad T, Paruch A M, et al. 2010. Filter bed systems treating domestic wastewater in the Nordic countries-Performance and reuse of filter media. Ecol. Eng. , 36: 1651-1659.

Ji G D, Liao B, Tao H C, et al. 2009. Analysis of bacteria communities in an up-flow fixed-bed (UFB) bioreactor for treating sulfide in hydrocarbon wastewater. Bioresour. Technol, 100: 436-441.

Ji G D, Ni J R. 2004. Mechanisms of constructed wetland wastewater ecological treatment systems. Techniques and Equipment for Environmental Pollution Control, 5: 71-75 (in Chinese) .

Ji G D, Sun T H, Li S. 2002a. Constructed wetland and its application for industrial wastewater treatment. Chinese journal of applied ecolog, 13: 224-228 (in Chinese) .

Ji G D, Sun T H, Ni J R. 2007a. Impact of heavy oil-polluted soils on reed wetlands. Ecol. Eng. , 29: 272-279.

Ji G D, Sun T H, Ni J R. 2007b. Surface flow constructed wetland for heavy oil-produced water treatment. Bioresour. Technol, 98: 436-441.

Ji G D, Sun T H, Zhou Q X, et al. 2002b. Constructed subsurface flow wetland for treating heavy oil-produced water of the Liaohe Oilfield in China. Ecol. Eng. , 18: 459-465.

Ji G D, Tong J J, Tan Y F. 2011. Wastewater treatment efficiency of a multi-media biological aerated filter (MBAF) containing clinoptilolite and bioceramsite in a brick-wall embedded design. Bioresour. Technol. , 102: 550-557.

Ji G D, Zhou Y, Tong J J. 2010. Nitrogen and phosphorus adsorption behavior of ceramsite material made from coal ash and metallic iron. Environ. Eng. Sci. , 27: 871-878.

Jiang R, Huang S B, Chow A T, et al. 2009. Nitric oxide removal from flue gas with a biotrickling filter using Pseudomonas putida. J. Hazard. Mater. , 164: 432-441.

Juhler S, Revsbech N P, Schramm A, et al. 2009. Distribution and rate of microbial processes in an ammonia-loaded air filter biofilm. Appl. Environ. Microbiol. , 75: 3705-3713.

Julie D, Kirshtein H W, Paerl J Z. 1991. Amplification, cloning, and sequencing of a *nifH* segment from aquatic microorganisms and natural communities. Appl. Environ. Microbiol. , 57: 2645-2650.

Kadam A, Oza G, Nemade P, et al. 2008. Municipal wastewater treatment using novel constructed soil filter system. Chemosphere, 71: 975-981.

Kartal B, Kuypers M M M, Lavik G, et al. 2007. Anammox bacteria disguised as denitrifiers: Nitrate reducion to dinitrogen gas via nia nitrte and ammonium. Environ. Microbiol. , 9: 635-642.

Kandeler E, Deiglmayr K, Tscherko D, et al. 2006. Abundance of *narG*, *nirK*, and *nosZ* genes of denitrifying bacteria during primary successions of a glacier foreland. Appl. Environ. Microbiol. , 72: 5957-5962.

Keylock C J. 2005. Simpson diversity and the Shannon-Wiener index as special cases of a generalized entropy. OIKOS, 109: 203-207.

Khardenavis A A, Kapley A, Purohit H J. 2007. Simultaneous nitrification and denitrification by diverse *Diaphorobacter* sp. Appl. Microbiol. Biotechnol. , 77: 403-409.

Khelifi E, Bouallagui H, Fardeau M L, et al. 2009. Fermentative and sulphate-reducing bacteria associated with treatment of an industrial dye effluent in an up-flow anaerobic fixed bed bioreactor. Renewable Energy, 34: 1969-1972.

Kim M, Jeong S Y, Yoon S J, et al. 2008. Aerobic denitrification of pseudomonas putida AD-21 at Different C/N Ratios. J. Biosci. Bioeng. , 106: 498-502.

Kopchynski T, Fox P, Alsmadi B, et al. 1996. The effects of soil type and effluent pre-treatment on soil aquifer treatment. Water Sci. Tech. , 34: 235-242.

Kornaros M, Lyberatos G. 1997. Kinetics of Aerobic growth of a denitrifying bacterium, Pseudomonas denitrificans, in the presence of nitrates and/or nitrites. Water Res. , 31: 479-488.

Kostura B, Kulveitova H, Jutaj L. 2005. Blast furnace slaga as sorbent s of phosphate from water solutions. Waer Res. , 39: 1795-1802.

Kuypers M M M, Lavik G, Woebken D, et al. 2005. Massive nitrogen loss from the Benguela upwelling system through anaerobic ammonium oxidation. Proc Natl Acad Sci USA, 102: 6478-6483.

Kuypers M M M, Sliekers A O, Lavik G, et al. 2003. Anaerobic ammonium oxidation by anammox bacteria in the Black Sea. Nature, 422: 608-611.

Lam P, Jensen M M, Lavik G, et al. 2007. Linking crenarchaeal and bacterial nitrification to anammox in the Black Sea. Proc Natl Acad Sci USA, 104: 7104-7109.

Lam P, Labik G, Jensen M M, et al. 2009. Revising the nitrogen cycle ini the peruvian oxygen minimum zone. Proc Natl Acad Sci USA, 106: 4752-4757.

Lee C, Kim J, Shin S G, et al. 2008. Monitoring bacterial and archaeal community shifts in a mesophilic anaerobic batch reactor treating a high-strength organic wastewater. FEMS Microbiol. Ecol. , 65: 544-554.

Lettinga G F J. 1997. Advanced anaerobic wastewater treatment in the near future. Wat. Sci. Tech. , 35: 5-12.

Li A M, Tian S Y. 1994. Research on processing organic waste water with fixed PSB in a naerobic baffle reactor. Journal of Tianjin Normal University, 14: 53-57 (in Chinese) .

Li S M. 2007. The Research of Artificial Zeolite-coal Slag Double-Layer Medium Biological Aerated Filter For Municipal Wastewater. Master thesis. Lanzhou: Lanzhou Unibersity of Technology.

Liao B, Ji G D. 2008. Profiling of microbial communities in a bioreactor for treating hydrocarbon-sulfide-containing wastewater. J. Environ. Sci. , 20: 1-3.

Lin C, Banin A. 2006. Phosphorous retardation and breakthrough into well water in a soil-aquifer treatment (SAT) system used for large-scale wastewater reclamation. Water Res. , 40: 1507-1518.

Lin Y F, Jing S R, Wang T W, et al. 2002. Effects of macrophytes andexteDNAl carbon sources on nitrate removal from groundwater in constructed wetlands. Environ. Pollut. , 119: 413-420.

Liu S Y, Li N, Hao S J. 2009. Study on cocking waste water treatment by using metallization pellets with high carbon content. China Metallurgy, 19: 42-45.

Liu W T, Chan O C, Fang H P. 2002. Microbial community dynamics during start-up of acidogenic anaerobic reactors. Water Res. , 36: 3203-3210.

Liu Y, Zhang T, Fang H P. 2005. Microbial community analysis and performance of a phosphate-removing activated sludge. Bioresour. Technol. , 96: 1205-1214.

Liu X, Tiquia S M, Holguin G, et al. 2003. Molecular diversity of denitrifying genes in continental margin sediments within the oxygen-deficient zone off the Pacific Coast of Mexico. Appl. Environ. Microbiol. , 69: 3549-3560.

Lopez-Gutierrez J C, Henry S, Hallet S, et al. 2004. Quantification of a novel group of nitrate-reducing bacteria in the environment by real-time PCR. J. Microbiol. Methods, 57: 399-407.

Loyo R L, Nikitenko S I, Scheinost A C, et al. 2008. Immobilization of selenite on Fe_3O_4 and Fe/Fe_3 C ultrasmall particles. Environ. Sci. Technol. , 42: 2451-2456.

Lu S G. 2001. A model for membrane bioreactor process based on the concept of formation and degradation of soluble microbial products. Water Res. , 35: 2038-2048.

Luanmanee S, Attanandana T, Masunaga T, et al. 2001. The efficiency of a multi-soil-layering system on domestic wastewater treatment during the ninth and tenth years of operation. Ecol. Eng. , 18: 185-199.

Luanmanee S, Boonsook P, Attanandana T, et al. 2002. Effect of intermittent aeration regulation of a multi-soil-layering system on domestic wastewater treatment in Thailand. Ecol. Eng. , 18: 415-428.

Luo H F, Qi H Y, Xue K, et al. 2003. A preliminary application of PCR-DGGE to study microbial diversity in soil. Acta Ecologica Sinica, 23: 1570-1575.

Ma B G, Mu S, Wang Y C. 2009. Effect of sawdust combustion characteristic on technologcal properties of sintered porous product. Journal of Wuhan University of Technology, 31: 71-74 (in Chinese).

Ma L M, Zhang W X. 2008. Enhanced biological treatment of industrial wastewater with bimetallic zero-valent iron. Environ. Sci. Technol. , 42: 5384-5389.

Mandi L. 1998. Application of constructed wetlands for domestic wastewater treatment in an arid climate. Wat. Sci. Tech. , 38: 379-387.

Manios T, Gaki E, Banou S, 2006. Qualitative monitoring of a treated wastewater reuse extensive distribution system: COD, TSS, EC and pH. Water SA, 32: 99-104.

Maron P A, Richaume A, Potier P, et al. 2004. Immunological method for direct assessment of the functionality of a denitrifying strain of Pseudomonas fluorescens in soil. J. Microbiol. Methods. , 58: 13-21.

Maschinski J. 1999. Efficiency of a subsurface constructed wetland system using native southwestern U. S. plants. J. Environ. Qual. , 28: 225-231.

McDevitt C, Burrell P, Blackall L L, et al. 2000. Aerobic nitrate respiration in a nitrite-oxidising bioreactor. FEMS Microbiol. Lett. , 184: 113-118.

Mcgeough K L, Kalin R M, Pmyles D. 2007. Carbon disulfide removal by zero valent iron. Environ. Sci. Technol. , 41: 4607-4612.

Mckinlay R G. 1999. Observations on decontamination of herbicide-polluted water by marsh plant systems. Water Res. , 32: 505-511.

Michael L. 2000. Transformations in dissolved organic carbon through constructed wetlands. Water

Res. , 34: 1897-1911.

Militza C C N, Nakatsu C H, Konopka A. 2006. Effect of nutrient periodicity on microbial community dynamics, Appl. Environ. Microbiol. , 72: 3175-3183.

Miller M N, Zebarth B J, Dandie C E, et al. 2008. Crop residue influence on denitrification, N_2O emissions and denitrifier community abundance in soil. Soil Biol. Biochem. , 40: 2553-2562.

Monique C, George A, Kowalchuk W D B. 2002. Nitrosomonas europaea-like bacteria detected as the dominant β-subclass Proteobacteria ammonia oxidisers in reference and limed acid forest soils. Soil Biol. Biochem. , 34: 1047-1050.

Nacgautasut S. 1997a. The effect of shock loads on the performance of an anaerobic baffled reactor: 1, step changes in feed concentration at constant retention time. Water Res. , 34: 2737-2746.

Nacgautasut S. 1997b. The effect of shock loads in the performance of an anaerobic baffled reactor 2. step and transient hydraulic shockes at constant feed strength. Water Res. , 31: 2747-2754.

Nachaiyasit S. 1997. Effect of low temperature on the performance of an anaerobic baffled reactor (ABR). J. Chem. Tech. Biotech. , 69: 276-284.

Okano Y, Hristova K R, Leutenegger C M, et al. 2004. Application of real-Time PCR to study effects of ammonium on population size of ammonia-oxidizing bacteria in soil. Appl. Environ. Microbiol. , 70: 1008-1016.

Oren O, Gavrieli I, Burg A, et al. 2009. Manganese mobilization and enrichment during soil aquifer treatment (SAT) of effluents, the Dan Region Sewage Reclamation Project (Shafdan), Israel. Environ. Sci. Technol. , 41: 766-772.

Orozco A. 1988. Anaerobic wastewater treatment using an open plug flow baffled reactor at low temperature. 5th International Symposium on Anaerobic Digestion. Italy: Bologna: 759-762.

Osorio F, Hontoria E. 2001. Optimization of bed material height in a submerged biological aerated filter, J. Environ. Eng. ASCE, 127: 974-978.

Osorio F, Hontoria E. 2002. Wastewater treatment with a double-layer submerged biological aerated filter, using waste materials as bio-film support. J. Environ. Manage. , 65: 79-84.

Ozacar M. 2003. Equilibrium and kinetic modeling of adsorption of phosphorus on calcined alunite. J. Int. Adsorpt. Soc. 9: 125-132.

Pace N R. 1997. A molecular view of microbial diversity and the biosphere. Science, 276: 734-740.

Pattnaik R, Yosta R S, Porter G, et al. 2007. Improving multi-soil-layer (MSL) system remediation of dairy effluent. Ecol. Eng. , 32: 1-10.

Patureau D, Bernet N, Delgenes J P, et al. 2000. Effect of dissolved oxygen and carbon-nitrogen loads on denitrification by an aerobic consortium. Appl. Microbiol. Biotechnol. , 54: 535-542.

Pedro M S, Haruta S, Hazaka M, et al. 2001. Denaturing gradient gel electrophoresis analyses of microbial community from field2scale composter. J Biosci. Bioeng. , 91: 159-165.

Perdomo S. 1999. Potential use of aquatic macrophytes to enhance the treatment of septic tank liquids. Wat. Sci. Tech. , 40: 25-232.

Philippi L S. 1999. Domestic effluent treatment through integrated system of septic tank and root zone. Wat. Sci. Tech. , 40: 125-131.

Picanco A P, Vallero M V G, Gianotti E P, et al. 2001. Influence of porosity and composition of supports on the methanogenic biofilm characteristics developed in a fixed bed anaerobic reactor. Wat. Sci. Technol. , 44: 197-204.

Pina-Ochoa E, Hogslund S, Geslin E, et al. 2010. Widespread occurrence of nitrate storage and denitrification among Foraminifera and Gromiida. Proc Natl Acad Sci USA, 107: 1148-1153.

Platzer C. 1997. Soil clogging in vertical flow reed beds — mechanisms, parameters, consequence and solutions. Wat. Sci. Tech. , 35: 175-181.

Prinzing A, Reiffers R, Braakhekke W G, et al. 2008. Less lineages - more trait variation: phylogenetically clustered plant communities are functionally more diverse. Ecol. Lett. , 11: 809-819.

Poly F, Wertz S, Brothier E, et al. 2008. First exploration of Nitrobacter diversity in soils by a PCR cloning-sequencing approach targeting functional gene nxrA. FEMS Microbiol. Ecol. 63: 132-140.

Pujol R, Hamon M, Kandel X. 1994. Biofilters: flexible, reliable biological reactors. Wat. Sci. Technol. , 29: 33-38.

Randazzo C L, Torriani S, Akkermans A D L, et al. 2000. Diversity, dynamics, and activity of bacterial communities during production of an artisanal sicilian cheese as evaluated by 16S rDNA analysis. Appl. Environ. Microbiol. , 68: 1882-1892.

Rappaport S M. 1979. Mutagenic activity in organic wastewater concentration. Environ. Sci. Technol. , 13: 957-961

Reddy P M, James E K, Ladha J K. 2002. Nitrogen fixation in rice//Leigh G J. Nitrogen Fixation at Tihe Millennium. New York: Elsevier: 421-445.

Ren H F, Li S Q, Liu S J, et al. 2005. Isolation and characterization of a p-Chloroaniline-Degrading bacterial strain. Environ. Sci. , 26: 154-158.

Rojas A, Holguin G, Glick B R, et al. 2001. Synergism between Phyllobacterium sp (N-2-fixer) and Bacillus licheniformis (P-solubilizer), both from a semiarid mangrove rhizosphere. FEMS Microbiol. Ecol. , 35: 181-187.

Robertson L A, Vanniel E W J, Torremans R A M, et al. 1988. Simultaneous nitrification and denitrification in aerobic chemostat cultures of thiosphaera-pantotropha. Appl. Environ. Microbiol. , 54: 2812-2818.

Rostami H, Brendley W. 2003. Alkali ash material: a novel fly ash-based cement. Environ. Sci. Technol. , 37: 3454-3457.

Rubio L M, Ludden P W. 2002. The gene products of the nif regulon//Leigh G J. Nitrogen Fixation at Tihe Millennium. New York: Elsevier: 421-445.

Ruiz G, Jeison D, Chamy R. 2003. Nitrification with high nitrite accumulation for the treatment of wastewater with high ammonia concentration. Water Res. , 37: 1371-1377.

Salehi E, Abedi J, Harding T. 2009. Bio-oil from Sawdust: pyrolysis of sawdust in a fixed-bed system. Energy Fuels, 23: 3767-3772.

Sallis P J, Uyanik S. 2003. Granule development in a split-feed anaerobic baffled reactor.

Bioresour. Technol. , 89: 255-265.

Salvado D, Gracia M P, Amigó J M. 1995. Capability of ciliated protozoa as indicators of effluent quality in activated sludge plants. Water Res. , 29: 1041-1050.

Sang J Q, Zhang X H, Li L Z, et al. 2003. Improvement of organics removal by bio-ceramic filtration of raw water with addition of phosphorus. Water Res. , 37: 4711-4718.

Satoh H, Rulin B. 2004. Macroscale and microscale analyses of nitrification and denitrification in biofilms attached on membrane aeratd biofilm reactors. Water Res. , 38: 1633-1641.

Scala D J, Kerkhof L J. 1998. Nitrous oxide reductase (nosZ) gene-speci ¢ c PCR primers for detection of denitri ¢ ers and three nosZ genes from marine sediments. FEMS Microbiol. Lett. , 162: 61-68.

Scala D J, Kerkhof L J. 2000. Horizontal heterogeneity of denitrifying bacterial communities in marine sediments by terminal restriction fragment length polymorphism analysis. Appl. Environ. Microbiol. , 66: 1980-1986.

Schmidt J E. 1996. Granular formation in upflow anaerobic sludge bed (UASB) reactors. Biotech. Bioeng. , 649: 229-246.

Shannon R D. 2000. Subsurface flow constructed wetland performance at a Pennsylvania camground and conference center. J. Environ. Qual. , 29: 2029-2036.

Shen Y F, Tang J, Nie Z H, et al. 2008. Tailoring size and structural distortion of Fe_3O_4 nanoparticles for the purification of contaminated water. Bioresour. Technol. , 100: 4139-4146.

Shen Y L. 2005. Micro- ecological characteristics of granule sludge in anaerobic baffled reactor (ABR). China Biogas. , 23: 13-16.

Shen Y L, Wang B Z, Yang Q D. et al. 1999. Experimental study on treating the mixed wastewater of landfill leachate and municipal wastewater with ABR. China Water & Wastewater, 15: 10-12.

Shi X K, Wang K J, Ni W. 2006. Tap water based sieving method for determining size distribution for anaerobic sludge granules of a full scale wastewater treatment plant. Environmental Pollution and Treatment, 28: 140-142.

Shimazu M, Mulchandani A, Chen W. 2001. Simultaneous degradation of organophosphorus pesticides and p-nitrophenol by a genetically engineered Moraxella sp with surface-expressed organophosphorus hydrolase. Biotechnol. Bioeng. , 76: 318-324.

Shin K H, Lim Y, Ahn J H, et al. 2005. Anaerobic biotransformation of dinitrotoluene isomers by Lactococcus lactis subsp lactis strain 27 isolated from earthworm intestine. Chemosphere, 61: 30-39.

Shutes R B E. 1997. The design of wetland systems for the treatment of urban runoff. Wat. Sci. Tech. , 35: 9-25.

Siantar D, Schreier C G, Chou C S. 1996. Treatment of 1, 2- dibromo-3- chlorop rop rane and nitrate contaminated waterwith metallic iron or hydrogen / palladium catalysts. Water Res. , 30: 2315-2322.

Skiadas I V. 1998. The periodic anaerobic baffled reactor. Wat. Sci. Tech. , 38: 401-408.

Skiadas I V. 2000. Modelling of the periodic anaerobic baffled reactor based on the retaining factor concept. Water Res. , 34: 3725-3736.

Stale Environmental Protection Administration. 2002. Water and Exhausted Water Monitoring Analysis Method (Fourth Edition) . Beijing: China Environmental Science press.

Stamatelatou K, Lokshina L, Vavilin V. 2003a. Performance of a glucose fed periodic anaerobic baffled reactor under increasing organic loading conditions: 2. Model prediction. Bioresour. Technol. , 88: 137-142b.

Stamatelatou K, Skiadas I V, Lyberatos G. 2004. On the behavior of the periodic anaerobic baffled reactor (PABR) during the transition from carbohydrate to protein-based feedings. Bioresour. Technol. , 92: 321-326.

Stamatelatou K, Vavilin V, Lyberatos G. 2003b. Performance of a glucose fed periodic anaerobic baffled reactor under increasing organic loading conditions: 1. Experimental results. Bioresour. Technol. , 88: 131-136.

Standard Method for the Examination of Water and Wastewater Editorial Board. 1993. The Standard Method for Examination of Water and Wastewater. Beijing, Environ. Sci. Press of China, 1993.

Stephen J R, Chang Y J, Macnaughton S J, et al. 1999. Effect of toxic metals on indigenous soil p-subgroup proteobacterium ammonia oxidizer community structure and protection against toxicity by inoculated metal-resistant bacteria. Appl. Environ. Microbiol. , 65: 95-101.

Stramma L, Johnson G C, Sprintall J, et al. 2008. Expanding oxyen-minimum zones in the tropical oceans. Science, 320: 655-658.

Strous M, Kuenen J G, Jetten M S M. 1999. Key physiology of anaerobic ammonium oxidation. Appl. Environ. Microbiol. , 65: 3248-3250.

Strous M, Pelletier E, Mangenot S, et al. 2006. Deciphering the evolution and metabolism of an anammox bacterium from a community genome. Nature, 400: 790-794.

Sun G. 1999. Treatment of agricultural wastewater in a combined tidal flow-downflow reed bed system. Wat. Sci. Tech. , 40: 139-146.

Sun T H, Ou Z Q, Li P J. 1997. Studies on Land Treatment Systems for Municipal Wastewater. Beijing: Sci. Press of China.

Sunger N, Bose P. 2009. Autotrophic denitrification using hydrogen generated from metallic iron corrosion. Bioresour. Technol. , 100: 4077-4082.

Takaya N, Catalan-Sakairi M A B, Sakaguchi Y, et al. 2003. Aerobic denitrifying bacteria that produce low levels of nitrous oxide. Appl. Environ. Microbiol. , 69: 3152-3157.

Tan Y F, Ji G D. 2010. Bacterial community structure and dominant bacteria in activated sludge from a 70 degrees C ultrasound-enhanced anaerobic reactor for treating carbazole-containing wastewater. Bioresour. Technol. , 101: 174-180.

Tang C J, Zheng P, Wang C H, et al. 2010. Suppression of anaerobic ammonium oxidizers under high organic content in high-rate Anammox UASB reactor. Bioresour. Technol. , 101: 1762-1768.

Tawan L, Futoshi K, Osami Y. 2006. Development and application of real-time PCR for quantification of specific ammonia-oxidizing bacteria in activated sludge of sewage treatment systems. Appl. Environ. Microbiol. , 72: 1004-1013.

Throback I N, Enwall K, Jarvis A, et al. 2004. Reassessing PCR primers targeting *nirS*, *nirK* and *nosZ* genes for community surveys of denitrifying bacteria with DGGE. FEMS Microbiol. Ecol. , 49: 401-417.

Tian W H, Wen X H, Qian Y. 2002. Use of zeolite medium biological aerated filter for removal of COD and ammonia nitrogen. China Wat. Wastewat. , 18: 13-15 (in Chinese) .

Tilche A. 1987. Light and scanning electron microscope observation on the granular biomass of experimental SBAR and HABR Reactors, proceeding of gasmat workshop. Netherlands, 1: 170-178.

Todd L. 1988. Nitrate removal in wetland microcosms. Water Res. , 32: 677-684.

Tong J J, Ji G D, Zhou Y, et al. 2009. A high efficient multi-function ceramsite bio-filter for treating rural domestic sewage. J. Agro-Environ. Sci. , 28: 1924-1931 (in Chinese) .

Tsuneda S, Nagano T, Hoshino T, et al. 2003. Characterization of nitrifying granules produced in an aerobic upflow fluidized bed reactor. Water Res. , 37: 965-973.

Tsushima I, Kindaichi T, Okabe S. 2007. Quantification of anaerobic ammonium-oxidizing bacteria in enrichment cultures by real-time PCR. Water Res. , 41: 785-794.

Tyrell W R. 1997. Trialing wetlands to treat coal mining wastewater in a low rainfall, high evaporation environment. Wat. Sci. Tech. , 35: 293-300.

Urbanc-bercic O. 1997. Reed stands in constructed wetlands: "edge effect" and photochemical efficiency of PS II in common reed. Wat. Sci. Tech. , 35: 143-147.

USEPA. 1992. Wastewater treatment/disposal for small communities. EPA 625R92005.

USEPA Office of Water. 1993. Subsurface flow constructed wetlands for wastewater treatment: A Technology Assessment.

Van Cuyk S, Siegrist R, Logan A, et al. 2001. Hydraulic and purification behaviors and their interactions during wastewater treatment in soil infiltration systems. Water Res. , 35: 953-964.

Vaz-Moreira I, Silva M E, Manaia C M, et al. 2008. Diversity of bacterial Isolates from commercial and homemade composts. Microb. Ecol. , 55: 714-722.

Verhoeven J T A, Meuleman A F M. 1999. Wetlands for wastewater treatment: opportunities and limitations. Ecol. Eng. , 12: 5-12.

Walker C B, de la Torre J R, Klotz M G, et al. 2010. Nitrosopumilus maritimus genome reveals unique mechanisms for nitrification and autotrophy in globally distributed marine crenarchaea. Proc Natl Acad Sci USA. , 107: 8818-8823.

Wang C R, Li J, Wang B Z, et al. 2005. Development of an empirical model for domestic wastewater treatment by biological aerated filter. Process Biochem. , 41: 778-782.

Wang J M, Teng X J, Wang H, et al. 2004. Characterizing the metal adsorption capability of a class F coal fly ash. Environ. Sci. Technol. , 38: 6710-6715.

Wang J L, Zhan X M, Feng Y C. 2004. Performance and characteristics of an anaerobic baffled reactor. Bioresour. Technol. , 93: 205-208.

Wang P. 2000. Study on removal of phosphate with sponge iron. Acta Scientiae Circumstantiae, 20:

798-800.

Wang P, Li G C. 2006. Preparation of biological aerated ceramsite filter medium and its perform-ance. Non-Metallic Mines, 29: 53-58.

Wang P, Li X T, Xiang M F, et al. 2007. Characterization of efficient aerobic denitrifiers isolated from two different sequencing batch reactors by 16S- rRNA analysis. J. Biosci. Bioeng. , 103: 563-567.

Wang X, Sun T H, Li H B, et al. 2010. Nitrogen removal enhanced by shunt distributing wastewater in a subsurface wastewater infiltration system. Ecol. Eng. , 36: 1433-1438.

Watanabe T, Asakawa S, Nakamura A, et al. 2004. DGGE method for analyzing 16S rDNA of metha-nogenic archaeal community in paddy field soil. FEMS Microbiology Letters, 232: 153-163.

William P. 1999. The use of the anaerobic baffled reactor (ABR) for wastewater treatment: a re-view. Water Res. , 33: 1559-1578.

Willumsen P A, Johansen J E, Karlson U, et al. 2005. Isolation and taxonomic affiliation of N-hetero-cyclic aromatic hydrocarbon-transforming bacteria. Appl. Microbiol. Biotechnol. , 67: 420-428.

Wobus A, Bleul C, Maassen S, et al. 2003. Microbial diversity and functional characterization of sed-iments from reservoirs of different trophic state. FEMS Microbiol. Ecol. , 46: 331-347.

Wong J W C, Fung S O, Selvam A. 2009. Coal fly ash and lime addition enhances the rate and effi-ciency of decomposition of food waste during composting. Bioresour. Technol. , 100: 3324-3331.

Wu B F, Shen B X, Yang Y M. 2003. A study on viscosity reduction of liaohe super-heavy crude oils through emulsification in water. Oilfield Chemistry, 20: 377-379.

Xiao J, Guo L, Wang S, et al. 2010. Comparative impact of cadmium on two phenanthrene-degrading bacteria isolated from cadmium and phenanthrene co-contaminated soil in China. J. Hazard. Mater. , 74: 818-823.

Xing J. 1991. Model evaluation of hybrid anaerobic baffled reactor treating molasses wastewater. Biomass and Bioenergy, 1: 267-274.

Xu G R, Zou J L, Li G B. 2008a. Effect of sintering temperature on the characteristics of sludge ce-ramsite. J. Hazard. Mater. , 150: 394-400.

Xu G R, Zou J L, Li G B. 2008b. Stabilization of heavy metals in ceramsite made with sewage sludge. J. Hazard. Mater. , 152: 56-61.

Xu G R, Zou J L, Li G B. 2008c. Ceramsite made with water and wastewater sludge and its character-istics affected by SiO_2 and Al_2O_3. Environ. Sci. Technol. , 42: 7417-7423.

Xu Z Y, Zeng G M, Yang Z H, et al. 2010. Biological treatment of landfill leachate with the integra-tion of partial nitrification, anaerobic ammonium oxidation and heterotrophic denitrification. Biore-sour. Technol. , 101: 79-86.

Xue S, Zhao Q L, Wei L L, Ren N Q. 2009. Behavior and characteristics of dissolved organic matter during column studies of soil aquifer treatment. Water Res. , 43: 499-507.

Yan T F, Fields M W, Wu L Y, et al. 2005. Molecular diversity and characterization of nitrite reduc-tase gene fragments (nirK and nirS) from nitrate and uranium-contaminated groundwater.

Environ. Microbiol. , 5: 13-24.

Yang L. 2000. Biological treatment of mineral oil in a salty environment. Wat. Sci. Tech. , 42: 369-375.

Yang P Y. 1987. Operational stability of a horizontally baffled anaerobic reactors for dilute swine wastewater in the tropics. Trans ASAE. , 30: 1105-1110.

Yin J, Xu W F. 2009. Ammonia biofiltration and community analysis of ammonia-oxidizing bacteria in biofilters. Bioresour. Technol. , 100: 3869-3876.

Yoshie S, Makino H, Hirosawa H, et al. 2004. Salinity decreases nitrite reductase gene diversity in denitrifying bacteria of wastewater treatment systems. Appl. Environ. Microbiol. , 70: 3152-3157.

Yu Y, Huang J N, Lin B, et al. 2004. Development of new water purification material: modified nanometer ceramsite. Wat. Wastewat. Eng. , 30: 95-99.

You S J, Hsu C L, Chuang S H. 2003. Nitrification efficiency and nitrifying bacteria abundance in combined AS-RBC and A^2O systems. Water Res. , 37: 2281-2290.

Zeynep C, Bahar K I, Mustafa K, et al. 2009. Biogeographical distribution and diversity of bacterial and archaeal communities within highly polluted anoxic marine sediments from the marmara sea. Mar. Pollut. Bull. , 58: 384-395.

Zhao Y Q, Yue Q Y, Li R B, et al. 2009. Research on sludge-fly ash ceramic particles (SFCP) for synthetic and municipal wastewater treatment in biological aerated filter (BAF) . Bioresour. Technol. , 100: 4955-4962.

Zhao X. 1999. Long term evaluation of adsorption capacity in a biological activated carbon fluidized bed reactor system. Water Res. , 33: 2983-2991.

Zhao X, Wang Y M, Ye Z F, et al. 2006. Oil field wastewater treatment in biological aerated filter by immobilized microorganisms. Process Biochem. , 41: 1475-1483.

Zhang B, Sun B, Ji M, et al. 2010. Quantification and comparison of ammonia-oxidizing bacterial communities in MBRs treating various types of wastewater. Bioresour. Technol. , 101: 3054-3059.

Zhang J, Huang X, Liu C X, et al. 2005. Nitrogen removal enhanced by intermittent operation in a subsurface wastewater infiltration system. Ecol. Eng. , 25: 419-428.

Zhang W, Ki J S, Qian P Y. 2008. Microbial diversity in polluted harbor sediments I: Bacterial community assessment based on four clone libraries of 16S rDNA, Estuarine, Coastal and Shelf Science, 76: 668-681.

Zhang X J, Wang Z S, Gu X S. 1991. Simple combination of biodegradation and carbon adsorption——the mechanism of the biological activated carbon process. Water Res. , 25: 165-172.

Zhang X L, Zhang S, He F, et al. 2007. Differentiate performance of eight filter media in vertical flow constructed wetland: Removal of organic matter, nitrogen and phosphorus. Fresenius Environ. Bull. , 16: 1468-1473.

Zhu T. 1997. Phosphorus sorption and chemical characteristics of light weight aggregates (LWA) -potetial filter media in treatment wetlands. Water Sci. Tech. , 35: 103-108.